中国农民田间学校

活 动 日 记 录

主　编： 吴建繁　王德海　朱　岩

副主编： 谷培云　王凤山　魏荣贵　张丽红　潘卫凤

编　者： 吴建繁　王德海　朱　岩　谷培云　王凤山　张丽红　魏荣贵　潘卫凤　石尚柏　肖长坤　张　涛　贾淑芬　朱晓静　孟克杰　张士海　柯南雁　牛曼丽

中国农业出版社

图书在版编目（CIP）数据

中国农民田间学校．活动日记录 / 吴建繁，王德海，朱岩主编．—北京：中国农业出版社，2017.10（2019.5 重印）
ISBN 978-7-109-19586-8

Ⅰ.①中… Ⅱ.①吴… ②王… ③朱… Ⅲ.①农业技术－农民业余学校－概况－中国 Ⅳ.①S-40

中国版本图书馆 CIP 数据核字（2014）第 211301 号

中国农业出版社出版
（北京市朝阳区麦子店街 18 号楼）
（邮政编码 100125）
责任编辑 闫保荣

中国农业出版社印刷厂印刷 新华书店北京发行所发行
2017 年 10 月第 1 版 2019 年 5 月北京第 2 次印刷

开本：700mm×1000mm 1/16 印张：16.5
字数：270 千字
定价：40.00 元

前言

农民田间学校是联合国粮农组织推荐的一种新型的提高农民综合素质的培训模式。农民田间学校培训模式引入北京后，通过实践，对其进行了规范，形成了具有北京特色的农民田间学校开办流程。

本书作为《中国农民田间学校》的系列丛书之一，目的是通过已开办的农民田间学校活动日记录，向读者展示北京农民田间学校建设的组织形式、活动日程序、培训流程等全过程，帮助农业技术推广人员在技术推广过程中借鉴与应用农民田间学校培训方法。我们选取了北京市农民田间学校建设初期种植业、养殖业各一所农民田间学校建设过程中的活动日记录，并按活动的时间顺序加以整理。本书共分三部分内容，第一部分为种植业农民田间学校，选取的是延庆县小柏老村农民田间学校，目标作物为西兰花，第二部分为养殖业农民田间学校，选取的是昌平区流村镇农民田间学校，目标动物是散养蛋鸡，比较具有代表性。两部分都是从需求调研开始，了解农民需求，设计培训内容，合理确定培训方案，到组织活动日活动，解决生产中的实际问题。培训活动都是根据培训内容的不同，选用不同的培训方法，如理论、知识类内容采用讲座、观摩、经验共享、案例分析等培训方法，技能类内容采用示范、实际操作等培训方法，同时配合小组讨论，达到培训的最佳效果。也展示了需求调研、票箱测试、游戏组织、效果评估等的操作过程与操作方法。但种养行业不同，组织过程中也存在许多不同之处，如种植业田间学校可以建自己的两圃田（试验田和对照田），开展对比试验，直接进行生产管理与操作，还可制作昆虫园等。学员可以深入田间进行田间观察，开展生态系统分析。生态系统分析是种植业农民田间学校学员每个活动日都必不可少的活动之一，通过分析有利因素和不利因素，找出问题的关键和解决办法，培养和提高学员发现问题、分析问题、解决问题的能力。而养殖业受动物疫病防控限制，不能深入养殖现场，许多现场情况只能通过讲述、照片、录像等展示出来，活动日现场实地观摩组织相对较难。在培训过程中，为将生态系统分析等方法引入养殖业农民田间学校的培训过程中，发明了“图片集”的教学方法，解决了不能进入现场观察与实践的困难，也为农民田间学校培训模式进入养殖业奠定了基础。第三部分是附录部分，整理了种植、养殖不同类型的票箱测试试题，编辑整理了田间学校活动中可选用的各类游戏，供读者参考借鉴。

本书活动日记录保持了原有活动程序和活动内容的真实性，再现了当时开办田间学校的实际操作过程，同时增加了专家点评部分，也说明田间学校在具体的开办过程中形式灵活多样，有广阔的选择操作空间。

本书通过以活动日记录的形式展示农民田间学校开办的过程，是农民田间学校培训的一个缩影。对于普通读者来说，可以作为了解农民田间学校参与式方法整体的一斑，对于农业技术推广人员来说，也可以作为实际开办田间学校设计和实际操作的参考。

目 录

1

上篇：

种植业农民田间学校活动日记录

延庆县小柏老村农民田间学校活动日记录

学校名称：小柏老村农民田间学校。

时间：2008 年 6 月至 2008 年 9 月。

地点：北京市延庆县旧县镇小柏老村。

主办单位：北京市植物保护站。

承办单位：北京市延庆区植物保护站。

辅导员：谷培云。

助理辅导员：焦雪霞、国洋等。

领导与全体学员合影

农民田间学校培训前准备

1　培训需求调研

2006年，北京市农业局在区县农业技术推广部门技术人员中系统培养了一批农民田间学校辅导员，大家的思想观念、工作思路和工作方法都发生了很大的转变，逐渐掌握了参与式的调研和农民培训方法，并在农民培训和日常工作中熟练应用。农民田间学校不同于传统的培训方式，传统培训是一种自上而下，“师为长，学为徒”“重理论，轻实践”“填鸭式”的教学方式，农民是被动学习，所学知识难以消化吸收，在生产中也不能很好地运用。而农民田间学校是一种“以人为本、能力为先”，自下而上的参与式农技推广方式，充分体现以农民为中心，以田间为课堂，以实践为手段的原则。利用三式（启发式、互动式、参与式）、三重（重需要、重实践、重技能）、三动（动脑、动口、动手）的教学模式，注重社会、经济和生态效益的有机结合。农民田间学校是没有围墙、没有教材、没有专职教师的“三无”学校，培训内容来源于农民，用于农民，具有实践性、实用性和实效性，深受农民的欢迎。经过多年实践证明，农民田间学校不仅是农业技术推广、促进科技成果转化最有效快速的途径，也是提升农民综合素质和能力的最有效的方法。

每所农民田间学校在开办前都要进行需求调研，以下是延庆县旧县镇小柏老村农民田间学校培训前的主要做法：

1.1　调研目的

此次调研的目的主要是了解和掌握小柏老村基本情况，产业发展和蔬菜生产中存在的问题及技术服务需求，为制订小柏老村农民田间学校培训课程计划提供依据。

1.2 调研方法与过程

1.2.1 调研人员

除了该校辅导员谷培云以外，还有单位的国洋、焦雪霞。

1.2.2 调研对象及内容

（1）村干部。2008 年 6 月 2 日，首先与村干部进行座谈，了解村庄基本情况、农业生产情况、人力资源情况、经济情况等。

（2）农民。6 月 3 日与 15 户农民座谈，调研农民生产投入产出、生产中存在的问题及技术需求等。

1.3 调研方法及使用的工具

采用小组访谈、户访、问卷的方法。小组访谈中使用到了头脑风暴和季节历等调研工具。

1.4 调研结果及分析

1.4.1 调研对象的基本情况（见附件 1）

1.4.2 调研村的基本情况

小柏老村隶属于旧县镇，位于延庆县城东北约 10 公里，距旧县镇东南 2 公里，是延庆县蔬菜生产基地之一，全村共有 112 户 400 余人，以蔬菜种植作为主要收入来源的为 80 户，全村有 100 余人从事种植业，耕地面积 1 000余亩，其中露地蔬菜种植面积 450 余亩，占耕地面积的 45%，主要蔬菜种植种类为西兰花、生菜和杭椒，蔬菜种植成为农民经济收入的主要来源，年人均收入约 5 000 元，其中蔬菜种植收入占 60%以上。2009 年新建保护地 300 亩。

1.4.3 调研结果分析

农民对蔬菜有害生物防治技术需求强烈，都非常希望参加农民田间学校培训。小柏老村种植蔬菜的时间比较短，过去很少有专家和技术人员到本村讲课，蔬菜病虫害的识别和防治技术比较缺乏，在生产中都是靠自己的经验管理，所以还需要掌握更多的科学栽培技术，特别是测土配方施肥技术，农民在生产中多以氮肥为主，集中施肥，成本高，降低了收入。

1.4.4 存在问题排序

通过农民投票的方法对问题重要性排序，结果显示，农民面临急需解决的问题有：

（1）蔬菜病虫害防治技术及农药的科学使用（100%）；

（2）新品种、新技术的应用（90%）；

（3）测土配方施肥（80%）；

（4）需要掌握一定的栽培技术（30%）；

（5）需要了解一些新信息、新政策（10%）。

1.5 制订培训课程计划

根据需求调研结果确定培训目标作物是西兰花。

根据需求调研结果，初步制订了北京市延庆县旧县镇小柏老村农民田间学校培训课程计划。

2 票箱测试

2.1 目的

了解农民学员对当前生产上常见的技术、信息和技能的掌握情况，结合需求调研制订培训计划；通过票箱测试可以发现资源人，在培训过程中利用资源人的特长，进行经验共享；与训后票箱测试进行比较，评估培训效果。

2.2 测试前的准备工作

2.2.1 试题准备

辅导员根据需求调研结果和农民生产实际准备测试题20题（见附件2），测试题类型包括识别鉴定、分析推断、常识判断、意识考察和决策性试题，内容包括植保、栽培、土壤、气象等，总之，测试题目内容要全面，应包括本行业农业生产各方面内容。

注意事项：①辅导员要针对农民的实际情况，把握试题的难易程度；②避免理论考察，要多考察学员实操方面的内容；③要多用标本题，少用文字或符号，标本题目应不低于40%，要尽量是目标作物的、当天采集的新鲜标本。注意，标本上的病害或虫害一定是唯一的，如果不是要标记清楚；标本选择一定要准确；如果没有标本也可用图片代替；④题目答案要明确，不能模棱两可，每个试题只有三个答案，正确答案只有一个；⑤文字尽量要用农民的语言，不要用专业词汇，尽量简单，不要长篇大论。

票箱测试中的标本题

2.2.2 答题纸条准备

根据农民平均文化水平比较低的情况，试题答案前不用字母或数字，而是用红、黄、绿三种颜色的纸替代，在测试前辅导员为每位学员准备红、黄、绿三种颜色的纸条，纸条上写上或打上学员的学号，在答题过程中，学员只需将与自己认为正确的答案颜色相同的、并写有自己学号的纸条撕下投入到票箱即可。

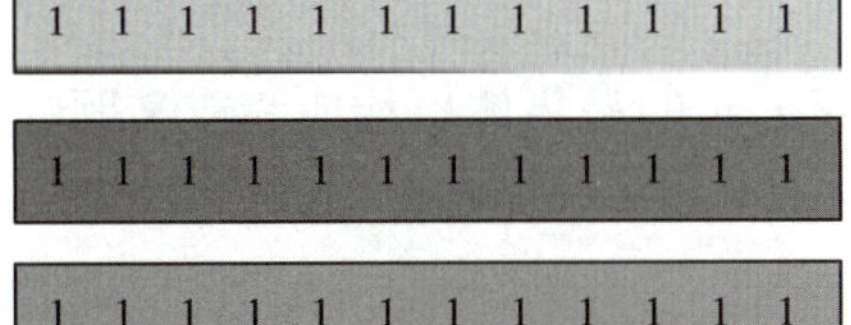

带学员学号的纸条

学员在进行票箱测试

注意事项：纸条上的数字代表学员的学号，每张纸上学号的数量要根据测试题的数量而定。要注意学号 6 和 9 的区别，以防统计混乱。

2.2.3 票箱

票箱是用一个留有一个小口的封闭的小盒，可用一次性纸杯、烟盒、信封、不透明塑料袋等。每一道测试题对应一个票箱，票箱上编号与考试题编号相同。

注意事项：①投票口一定在票箱的侧面，避免学员看到前面学员的答案；②投票口不宜过大，能投入纸片为宜，避免学员看到箱内纸条；③票箱的高度要适宜，一般在 1.3 米左右，既要方便学员投票又要避免看到别人的答案。

2.2.4 测试场地的准备

测试场地选择要方便学员，一般可在田间、教室或庭院进行。

2.3 测试过程

（1）由辅导员介绍考试方法及纪律。

（2）测试在院中进行，辅导员测试前把测试题插到院中，每两题之间相距 6 米，测试过程中每试题前只能有一人，试题顺序是随机的。

注意：在测试过程中，对读题有困难的学员要及时给予帮助。

（3）学员按照顺序进行测试。

2.4 结果统计（见附件3）

测试结果可用Excel电子表格进行统计，要按照每道题和每个学员分别进行统计。测试后通过小组讨论或辅导员引导学员找到每个测试题的正确答案，加深学员对测试题的印象，增强学员的自信心，调动其学习的积极性。

学员票箱测试

注意事项：在宣布测试结果时，给大家公布的是集体平均成绩或某题的平均成绩，切不可公布学员的个人成绩，不能打击学员的自信心和积极性。

2.5 培训计划的修改与完善（见附件4）

训前测试中发现的问题有可能是我们在做需求调研时没有发现的，所以要添加到该田间学校的培训计划中，同时，测试中发现了农民学员生产方面的特长，可以适当调整每一次活动日中资源人信息，尽量创造环境，实现由农民来帮助农民解决生产中的技术问题。

附件 1　延庆县旧县镇小柏老村受访农户基本情况调查表

姓名	学号	民族	年龄	性别	文化程度	家庭人数	劳力数	种菜经验（年）	耕地（亩）	蔬菜面积（亩）	目标作物面积（亩）	在家庭中的关系	种植蔬菜种类	蔬菜种植生产上主要存在什么问题	需要农业技术服务推广部门做什么
闫书华	1	汉	46	女	高中	4	2	7	10	4	2	决策者	西兰花、生菜、杭椒	病虫防治、测土配方施肥	技术培训、提供优良品种
刘玉林	2	汉	46	女	中专	3	2	6	10	1	1	决策者	西兰花、生菜、杭椒	病虫防治、农药使用	技术培训、提供优良品种
赵清珍	3	汉	50	女	初中	5	2	6	10	4	2	决策者	西兰花、大白菜、杭椒	病虫防治、测土配方施肥	技术培训、提供优良品种
李桂兰	4	汉	41	女	初中	4	2	4	10	3	3	决策者	西兰花	栽培管理、病虫识别和防治	技术培训、提供优良品种
高增全	5	汉	55	男	小学	3	2	7	7	3	3	决策者	西兰花	病虫识别防治、品种	技术培训、提供优良品种
王继青	6	汉	44	女	初中	3	2	8	8	3	2	决策者	西兰花、生菜、杭椒	病虫防治、品种	技术培训、提供优良品种
王满香	7	汉	49	女	小学	5	2	3	12	4	4	决策者	西兰花	病虫防治、品种、测土配方施肥	技术培训、提供优良品种

（续）

姓名	学号	民族	年龄	性别	文化程度	家庭人数	劳力数	种菜经验（年）	耕地（亩）	蔬菜面积（亩）	目标作物面积（亩）	在家庭中的关系	种植蔬菜种类	蔬菜种植生产上主要存在什么问题	需要农业技术服务推广部门做什么
张银栓	8	汉	70	男	小学	2	2	1	12	7	2	决策者	西兰花、生菜、杭椒	病虫防治、品种、测土配方施肥	技术培训、提供优良品种
刘桂兰	9	汉	55	女	小学	3	2	4	7.5	2.5	2	决策者	西兰花、生菜、杭椒	病虫识别与防治、品种	技术培训、提供优良品种
王义华	10	汉	54	男	初中	2	2	6	10	6	2.5	决策者	西兰花、甘蓝、杭椒	栽培植保、测土配方施肥	技术培训、提供优良品种
马常红	11	汉	34	女	初中	4	2	1	3	3	1	决策者	西兰花、生菜、杭椒	病虫识别与防治、品种	技术培训、提供优良品种
王全旺	12	汉	44	男	初中	4	2	20	10	10	4	决策者	西兰花、生菜、杭椒	病虫防治、农药使用	技术培训、提供优良品种
闫桂莲	13	汉	40	女	初中	4	2	13	10	6	2.5	决策者	西兰花、生菜、杭椒	病虫识别与防治、测土配方施肥	技术培训、提供优良品种
郝书元	14	汉	44	女	初中	4	2	2	8	5	2	决策者	西兰花、生菜、杭椒	蔬菜种植技术、农药使用	技术培训、提供优良品种
李合青	15	汉	43	男	初中	4	2	6	7.5	8	4	决策者	西兰花、生菜、杭椒	病虫识别与防治、品种	技术培训、提供优良品种

附件 2　小柏老农民田间学校测试题

1. 蔬菜上禁用的农药是____

A. 吡虫啉　　B. 氧化乐果　　C. 农用链霉素

2. 如果菜上发现该虫后，打____药（小菜蛾标本）

A. DT　　B. 阿维菌素　　C. 草甘膦

3. 叶片上是____虫的卵（甘蓝夜蛾标本）

A. 菜青虫　　B. 小菜蛾　　C. 甘蓝夜蛾

4. 化肥做追肥哪种方式最好？

A. 随水冲施　　B. 开沟穴施　　C. 表面撒施

5. 保水性能最好的土壤是____

A. 沙土　　B. 黏土　　C. 壤土

6. 叶片上的虫传播____病（蚜虫标本）

A. 黑腐病　　B. 霜霉病　　C. 病毒病

7. 小菜蛾从卵到成虫经过下列哪几种变化？

A. 卵、幼虫、蛹、成虫

B. 卵、幼虫、成虫　C. 卵、若虫、成虫

8. 叶片上的虫是小菜蛾的（小菜蛾幼虫标本）____

A. 卵　　B. 幼虫　　C. 蛹

9. 叶片上的病害是（黑腐病）____

A. 细菌性病害　　B. 真菌性病害　　C. 病毒病

10. 菜田中发现图片上这种病害后应打下列哪种农药（黑腐病标本）？

A. 杀毒矾　　B. 爱福丁　　C. 可杀得

11. 下列哪个农药是生物农药？

A. Bt　　B. 杀毒矾　　C. 高效氯氰菊酯

12. DT 可以防治____

A. 细菌性病害　　B. 真菌性病害　　C. 病毒病

13. 在蔬菜栽培中施入的肥越多产量越高？

A. 是　　B. 不是　　C. 不一定

14. 取土化验应在什么时期进行？

A. 作物收获后或播种施肥前

B. 作物生长的关键时期

C. 随时可以取土

15. 叶片上的虫吃____（异色瓢虫标本）

A. 蚜虫　　B. 蔬菜　　C. 小菜蛾

16. 保持田间持续高产的方法是____

A. 专施尿素　　B. 农家肥与化肥混施　　C. 专施普钙

17. 叶片上的虫是（七星瓢虫标本）？

A. 天敌　　B. 害虫　　C. 中性昆虫

18. 中耕除草可以？

A. 除草、松土增加深层土壤水分蒸发

B. 除草、松土减少深层土壤水分蒸发

C. 只是为了除草、松土

19. 农作物病害流行所必须具备的条件是？

A. 病菌、高温、寄主

B. 病菌、环境因素、寄主

C. 病菌、高湿、寄主

20. 下列哪两种作物轮作是正确的？

A. 西兰花和大白菜　　B. 西兰花和大萝卜　　C. 西兰花和西红柿

附件 3　小柏老村农民田间学员训前 BBT 成绩

学号	题目 姓名	1	2	3	4	5	6	7	8	9	10	11	12	13	14	15	16	17	18	19	20	成绩
1	闫书华	0	0	5	5	0	5	5	5	5	0	5	0	5	5	0	5	5	0	5	0	60
2	刘玉林	5	0	5	5	5	0	5	0	5	5	5	5	5	5	0	5	5	0	5	0	70
3	赵清珍	5	0	5	5	0	5	5	5	5	0	5	0	0	5	5	5	0	5	0	0	60
4	李桂兰	5	5	0	5	0	5	5	5	5	0	5	0	0	5	5	5	0	5	0	5	65
5	高增全	5	5	0	5	0	5	5	5	5	0	5	0	0	5	5	5	0	5	0	5	65
6	王继青	5	5	5	5	0	5	5	5	5	0	5	0	0	5	5	5	5	5	5	0	75
7	王满香	5	5	5	5	0	5	5	5	5	0	5	0	0	5	5	5	5	5	5	0	75
8	张银栓	5	5	5	5	0	5	5	0	5	0	5	0	0	5	5	5	5	5	5	0	70
9	刘桂兰	0	5	5	5	0	5	5	5	0	5	5	0	0	5	5	5	5	5	5	0	70
10	王义华	5	5	5	5	0	5	5	5	5	5	5	5	0	5	5	5	5	5	5	5	90
11	马常红	0	0	0	5	0	5	5	5	0	5	5	0	5	5	0	5	5	0	5	0	55
12	王全旺	5	5	5	5	0	5	5	5	5	0	0	0	0	5	5	5	0	5	5	0	65
13	闫桂莲	5	5	5	5	0	0	5	0	5	0	5	5	0	5	5	5	5	5	5	0	70
14	郝书元																					
15	李合青	0	5	5	5	0	5	5	0	5	0	5	5	0	0	5	5	0	0	5	0	55
16	赵金仓	5	5	5	5	0	5	5	5	5	0	5	0	0	5	5	5	5	5	0	5	75
17	刘长在	0	0	5	5	0	5	0	5	0	0	0	0	0	5	0	5	0	0	5	0	35
18	国学荣	5	5	5	5	0	5	5	5	5	0	5	0	0	5	5	5	0	5	0	5	70
19	韩长年																					
20	杜金娥	0	0	0	5	0	5	0	0	5	5	0	0	0	5	0	5	5	0	5	0	40
21	郭春花	0	0	0	5	0	5	5	5	0	0	0	0	0	5	0	5	5	0	5	0	40
22	王凤娥	0	0	0	5	0	5	5	5	0	0	0	0	5	5	5	5	5	0	5	0	50
23	李玉兰	5	5	5	5	0	5	5	5	0	0	0	0	5	5	5	5	0	0	5	0	60
24	夏文兴	0	5	5	5	0	0	0	0	5	0	5	0	0	5	0	5	5	0	5	0	45
25	田三荣	0	5	5	5	0	0	0	0	5	0	0	5	5	5	5	5	5	0	5	0	55
26	刘凤英	5	5	5	5	0	0	0	5	5	0	0	5	5	5	5	5	5	0	5	0	65
27	刘迎新	5	5	5	5	0	0	0	5	5	0	0	5	5	5	5	5	5	0	5	0	65
28	闫成珍	0	0	5	5	0	0	0	5	5	0	5	0	0	5	0	5	5	0	0	5	45
29	王石来	5	5	0	5	0	5	5	5	0	0	5	0	0	5	5	5	0	5	0	5	60
30	王玉全	5	5	5	5	0	5	5	5	5	0	5	0	0	5	5	5	5	5	5	0	75
31	韩永旺	5	5	0	5	5	0	0	5	5	0	5	5	5	5	5	5	5	5	5	0	75
32	郑瑞珍	5	0	5	5	0	5	5	5	0	0	5	0	0	5	5	5	0	5	0	5	60
33	李春霞																					
34	杜安广	0	0	0	5	0	5	0	0	0	0	5	0	0	0	5	5	5	5	5	0	40
35	赵书燕																					
36	胡旺	0	0	0	5	0	5	5	5	0	0	5	0	0	5	0	5	5	0	5	0	45
37	王老振	5	5	5	5	0	5	5	5	5	0	5	0	0	5	5	5	5	5	5	0	75
38	韩秋莲	0	0	5	5	0	0	5	5	5	0	5	5	5	5	0	5	5	0	5	0	60
39	王守禄	5	5	5	5	0	5	5	5	5	0	5	0	0	5	5	5	5	0	5	0	70
	平均	3	3.14	3.57	5	0.29	3.71	3.71	3.86	3.57	0.71	3.71	1.29	1.43	4.71	3.57	5	3.57	2.57	3.86	1.14	61.43

注：14、19、33、35号学员请假。

附件 4 北京市延庆县旧县镇小柏老村农民田间学校活动日计划（目标作物：西兰花）

时间	地点	主题	目标	主要内容	方法	资源人	可能出现的问题	对策
6月13日	小柏老村委会	开学典礼	扩大影响，提高学员的荣誉感。	1. 市、县、镇、村领导讲话； 2. 辅导员介绍全年培训目标及内容； 3. 学员代表诉述培训需求	会议	谷培云、焦雪霞、国洋	个别领导和媒体可能不能到场	调正发言顺序
6月17日		农民田间学校介绍	农民田间学校介绍	1. 介绍辅导员及学员 2. 农民田间学校简介 3. 班组建设：分组、取组名，选组长、班长，制定学习约定	讲授、游戏	谷培云、焦雪霞、国洋	农民刚开始接触参与式培训方法，积极性可能不高	调动学员的积极性，采用每人都能参与的活动，多鼓励，少批评
6月24日		西兰花生产过程中存在的主要问题	分析西兰花生产中存在的主要问题	农民专题：西兰花生产过程中存在的主要问题 游戏：合作运气球	小组讨论、讲述、游戏	谷培云、焦雪霞、国洋	1. 农民可能会对非目标蔬菜栽培管理中的问题进行提问 2. 迟到、早退、旷课 3. 学员在讨论时不发言	1. 辅导员要有丰富的专业知识和实践经验，及时解决他们提出的问题 2. 每次培训记录考勤，作为培训后评选优秀学员的基本条件。辅导员要严格要求自己，不能迟到
7月1日		农田生态系统观察	让学员掌握科学的观察方法，锻炼科学发现、分析和解决问题的能力	农田生态系统介绍 农田生态系统观察 游戏：比眼力	讲述、田间观察、小组讨论、游戏	谷培云、焦雪霞、国洋		

（续）

时间	地点	主题	目标	主要内容	方法	资源人	可能出现的问题	对策
7月8日	小柏老村委会	西兰花育苗期管理	让学员掌握西兰花育苗期管理技术	试验田（IPM田）和对照田（FP田）简介/农田生态系统分析 游戏、解绳	讲述、田间观察、小组讨论、游戏	谷培云、焦雪霞、国洋	4. 培训内容没有针对性	3. 辅导员要引导学员，要与学员交知心朋友，要能真正解决农民生产中存在的问题 4. 辅导员在培训前做好准备，提前备课，准备课件及培训材料
7月15日		西兰花定植时期的主要技术和病害基础知识	让学员了解西兰花定植主要技术和病害基础知识	农民专题：西兰花定植时的技术要点 农民专题：病害基础知识 演示实验：病菌传播途径	讲述、田间观察、小组讨论、游戏	谷培云、焦雪霞、国洋		
7月22日	广积屯	观摩	开阔学员的视野	设施彩色甜椒栽培管理技术	观摩、讨论	谷培云、焦雪霞、国洋		
7月29日	小柏老村委会	昆虫基础知识	了解昆虫基础知识	农民专题：昆虫基础知识	讲授、小组讨论、试验、示范	谷培云、焦雪霞、国洋		
8月5日		西兰花定植后到出花前主要管理技术	掌握西兰花定植后到出花前主要管理技术	农民专题：西兰花定植后到出花前的栽培管理技术 农田生态系统观察	小组讨论、田间观察、游戏	谷培云、焦雪霞、国洋		

（续）

时间	地点	主题	目标	主要内容	方法	资源人	可能出现的问题	对策
8月12日	小柏老村委会	西兰花测土配方施肥技术	了解西兰花测土配方施肥技术	农民专题：测土配方施肥技术 昆虫园制作：观察菜青虫生活史 游戏：悄悄话传递	讲述、小组讨论、游戏	谷培云、焦雪霞、国洋、张小青	1. 农民可能会对非目标蔬菜栽培管理中的问题进行提问 2. 迟到、早退、旷课 3. 学员在讨论时不发言 4. 培训内容没有针对性	1. 辅导员要有丰富的专业知识和实践经验，及时解决他们提出的问题 2. 每次培训记录考勤，作为培训后评选优秀学员的基本条件。辅导员要严格要求自己，不能迟到 3. 辅导员要引导学员，要与学员交知心朋友，要能真正解决农民生产中存在的问题 4. 辅导员在培训前做好准备，提前备课，准备课件及培训材料
8月19日		西兰花开花期栽培管理技术要点	掌握西兰花开花期栽培管理技术要点	农民专题：西兰花开花期栽培管理技术要点/观察昆虫园/游戏：集体画画	小组讨论、游戏、资源人、昆虫园	谷培云、焦雪霞、国洋		
8月26日		科学使用农药	科学使用农药	农民专题：科学使用农药 演示性试验：精准农药量具的使用 游戏：食物链	小组讨论、游戏、资源人、昆虫园、演示、观察	谷培云、焦雪霞、国洋		
9月2日		科学使用农药	掌握科学的试验与观察方法	农田生态系统观察 演示性试验/导管试验/观察昆虫园	讨论、讲授、演示、游戏	谷培云、焦雪霞、国洋、陈旭		
9月9日		计算机操作技术	初步掌握计算机操作技术	计算机设备介绍 基本操作程序与方法	讲授、实操	谷培云、六中老师		

（续）

时间	地点	主题	目标	主要内容	方法	资源人	可能出现的问题	对策
9月16日	小柏老村委会	制作展板和培训效果评估	学习总结和效果评估方法	制作展板：总结小柏老村农民田间学校培训内容 评选优秀学员和优秀学习小组 学员对培训效果进行评估打分	讨论、总结、问卷	谷培云、焦雪霞、国洋	1. 农民可能会对非目标蔬菜栽培管理中的问题进行提问 2. 迟到、早退、旷课 3. 学员在讨论时不发言 4. 培训内容没有针对性	1. 辅导员要有丰富的专业知识和实践经验，及时解决他们提出的问题 2. 每次培训记录考勤，作为培训后评选优秀学员的基本条件。辅导员要严格要求自己，不能迟到 3. 辅导员要引导学员，要与学员交知心朋友，要能真正解决农民生产中存在的问题 4. 辅导员在培训前做好准备，提前备课，准备课件及培训材料
9月23日		结业式	总结培训效果，扩大田间学校影响	1. 辅导员总结与农民学习成果汇报 2. 各级领导讲话和指示	汇报	谷培云、焦雪霞、国洋		

专家点评：

（1）在农民活动日开始之前开展需求调研是农民田间学校的必要程序。需求调研为辅导员与学员一起制订培训计划打下了良好的基础。

（2）票箱测试应该在培训班开始之初进行，票箱测试的结果同样作为制订培训计划和课程计划的依据，同时票箱测试结果也要与本期农民田间学校结束时第二次的结果比较，进行培训效果评估。如果能够将票箱测试的过程做一介绍会更好。

（3）最好在需求调研结束后将确定的学员名单附上。

（4）培训计划表中如果再增加些农民资源人就更好了。另外，系统培训计划既要解决农民生产中的现存问题，也要体现科技的引领作用；要考虑培训内容的实用性、培训时间与生产的结合度、培训方法的适用性、课程设置的逻辑性等。

活动日 1
开学典礼

1 会议组织与参加单位

主办单位：延庆县农委、北京市农业局
技术支持单位：北京市植保站
承办单位：延庆县种植业服务中心、延庆县植保站
辅导员：谷培云、国洋、焦雪霞
协办单位：延庆县旧县镇农发办
时　　间：2008 年 6 月 13 日
地　　点：延庆县旧县镇小柏老村
参会单位及人员（约 50 人）：
延庆县种植业服务中心副主任董慧明
旧县镇农发办主任王磊奇
延庆县植保站副站长马永军
小柏老村农民田间学校辅导员
小柏老村书记王合青及农民学员
新闻媒体。

2 会议时间与地点

报到时间：13：30—14：00
会议时间：14：00—15：00
会议地点：延庆县旧县树镇小柏老村村委会

3 会议议程

主持人：延庆县植保站谷培云

(1) 介绍来宾;
(2) 延庆县植保站副站长马永军讲话;
(3) 小柏老村农民田间学校辅导员代表发言;
(4) 小柏老村农民田间学校学员代表发言;
(5) 旧县镇农发办主任王磊奇讲话;
(6) 小柏老村书记王合青讲话;
(7) 延庆种植业服务中心董惠明总结发言;
(8) 领导与全体学员、辅导员合影;
(9) 领导参观学员生产田。

小柏老农民田间学校开学典礼

专家点评:

(1) 如果能把辅导员、农民学员代表和相关领导讲话整理出来会更好。辅导员要介绍需求调研和票箱测试结果、生产中的技术问题、整体培训计划等;农民学员代表主要表达一些学习诉求;各级领导的发言是对辅导员工作的大力支持,其对农民学员学习效果的期待等,会激发农民学员的学习热情和荣誉感。

(2) 如果能把本次活动组织得比较成功的经验和不足提炼出来就更好了。

活动日 2
农民田间学校介绍

1 活动日计划

1.1 培训时间： 2008 年 6 月 17 日。

1.2 培训地点： 北京市延庆县旧县镇小柏老村。

1.3 参加培训的人员： 辅导员谷培云、焦雪霞、国洋及小柏老村农民田间学校全体学员 39 人，共 42 人。

1.4 培训目标： 让农民了解什么是农民田间学校，初步体会参与式培训方法。

1.5 培训方法： 讲授、游戏。

主题 1 辅导员和学员自我介绍

目的： 活跃气氛，提高学员的表达能力，让学员体会参与式的培训方法。

材料： 篮球、眼罩、可乐瓶、木棍各一个。

步骤： 辅导员和学员共同参与。全体学员和辅导员手拉手围成一个圆圈，一名学员站在中央用眼罩蒙住眼睛，手拿可乐瓶和木棍，篮球在其中一个学员手中，当中央的人开始敲击可乐瓶时，篮球在外围学员手中，一个一个的传，当敲击声停止时，篮球在谁手中，谁就介绍自己的基本情况。

主题 2　农民田间学校简介

辅导员介绍农民田间学校

（1）什么是农民田间学校？开办农民田间学校的目的及意义。农民田间学校（Farmer Field School，FFS）是一种“以人为本、能力为先、自下而上”的参与式农民素质教育模式和农业技术推广方式，强调以农民为中心，以田间为课堂，通过农民主动参与式学习、实践来增强他们的自信心、生态意识、团队精神，提高农民的生产能力和科学决策能力，农民田间学校是市场经济条件下培养有文化、懂技术、会经营的新型农民的有效途径，对提高农民综合素质、调动农民积极参与社会主义新农村建设具有十分重要的作用。

农民田间学校强调的是三式（参与式、启发式、互动式），三动（动手、动脑、动口），没有固定教材，以解决目标作物从种到收所存在的问题为目标，通过培训，使农民掌握最基本的植保、栽培、土壤等农业技术知识，提高农民团结协作、观察、分析、解决问题及提高学员的自信心和科学决策能力，最终使学员成为农民专家。

（2）农民田间学校的培训内容。农民田间学校的培训内容主要来自农民的生产需求，其次要结合产业的发展，开展引领性技术的培训、示范工作。

团队建设：

①目的：提高学员团队意识，给学员提供更多的发言机会。

②主要包括：分组、取组名、选组长、班长、制定学习约定等。

③材料：扑克牌。

④步骤：

1）辅导员介绍分组、取组名、选组长、班长的目的及意义。明确班长和组长的权利和义务。班长的权利和义务是协助辅导员组织各活动日的培训；有权罢免小组长；有权选择试验田；经常与辅导员沟通，把学员的问题反映给辅导员，并把结果反馈给学员。组长的权利和义务是，带头遵守本培训班的学习约定；组织小组成员积极参与各项活动；组织小组成员做好值日，保护环境卫生；培训结束时可直接成为优秀学员。

学员分组

2）把扑克牌不同花色各选 10 张。

3）学员随机抽取扑克牌，同一花色的为一组。

4）各小组讨论选举组长，并取组名。

5）全体学员以投票的方式选出班长。

讨论结果：共分四个组，分别是八喜组，组长赵金昌，喜乐组，组长胡旺，迎新组，组长刘迎新，发财组，组长王振生，班长：闫书华。

6）学习约定

目的：提高学员的集体意识，营造一个良好的培训氛围。

学员代表在学习约定上签字

步骤：

由辅导员带领大家讨论，全体学员一起制定培训班的学习约定。

辅导员、班长、各组组长和学员代表在学习约定上签字，并带头遵守。

学习约定的内容：不迟到，不早退，有事请假；不无故旷课；手机铃声调到振动；课上不吸烟；上课注意听讲。

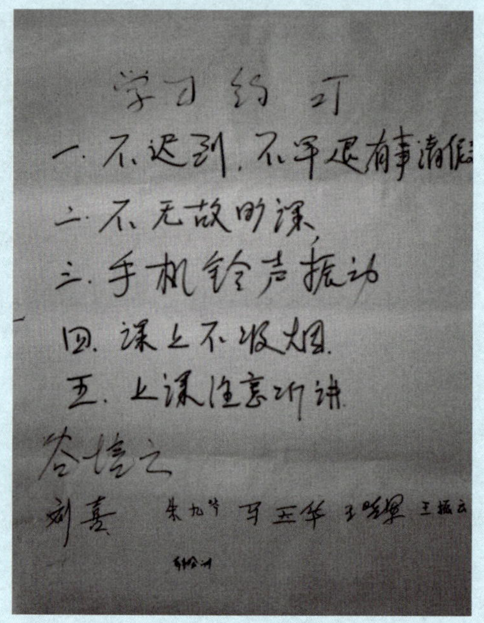

学习约定

辅导员总结：从今天开始小柏老村农民田间学校就是一个集体，既然是一个集体，就要有纪律有要求，所以我们一起制定了学习约定，希望大家要按照学习约定上的内容要求自己，自觉遵守，争取在培训结束后取得好成绩。

2　本次内容总结和下次内容安排

（1）本次培训总结：我们采用击鼓传球的方式，大家做了自我介绍，大家认识了辅导员，辅导员对大家也有了了解，本次课程主要介绍了农民田间学校，农民田间学校的培训方法、理念及培训内容；根据我们培训班的情况进行了分组，共分为 4 个小组，选出了组长和班长，明确了组长和班长的权利和义务。

（2）下次课程安排：下次培训时间是 6 月 24 日下午 13：30 分，培训内容：西兰花生产过程中存在的主要问题；游戏。

3　活动日体会

为了让学员体会参与式的培训方法，辅导员选用击鼓传球的游戏让大家进行自我介绍，既活跃了课堂气氛、让每个学员都参与其中，又激起了大家对农民田间学校参与式培训的兴趣。在活动中，辅导员要对学员多鼓励。通过今天的培训，我们发现，学员虽然初次接触参与式培训方法，但对此表现出了深厚的兴趣。在活动中有的学员表现积极主动，在介绍自己时语言表达流利，介绍全面，但还有部分学员积极性不高，在介绍自己时比较紧张，对此，我们就组织学员以热烈的掌声对表现好的学员进行鼓励，对紧张的学员，进行引导，让学员说出自己的姓名和家庭情况即可，并以掌声进行鼓励。

专家点评：

此次活动非常重要，一是要创造和谐的环境使辅导员和学员相识，二是要让农民了解田间学校的培训目标与方法，三是团队建设很重要，关乎到以后培训过程的管理。

活动日 3
西兰花生产过程中存在的主要问题

1 活动日计划

1.1 培训时间：2008 年 6 月 24 日。

1.2 培训地点：北京市延庆县旧县镇小柏老村。

1.3 参加培训的人员：辅导员谷培云、焦雪霞、国洋及小柏老村农民田间学校全体学员 39 人，共 42 人。

1.4 培训目标：了解学员在西兰花生产过程中存在的问题，并结合需求调研结果、票箱测试制订活动日计划，找出培训重点。

1.5 培训方法：小组讨论、讲述、游戏。

2 上次课程内容回顾

2.1 目的：通过对上次培训内容的回顾，让学员加深印象，提高记忆力；通过回顾，辅导员可以了解和发现学员们对上次培训内容的理解和掌握情况，以便准确地把握培训辅导的进度和方式方法。

2.2 材料：大白纸、白板。

2.3 步骤：

（1）由发财组带领学员回顾上次课的培训内容。

（2）辅导员补充点评。

2.4 结论：

（1）农民田间学校简介。

（2）分组，选班长、组长。

主题　西兰花生产过程中存在的主要问题

目的： 了解学员在目标作物生产过程中存在的问题，为制订活动日计划提供依据。

材料： 大白纸、直尺、彩笔。

步骤：

（1）辅导员简要介绍农民专题的内容及讨论的方法。西兰花生产过程中存在的主要问题？自己是否能解决及解决的方法？要求技术推广部门做什么？

（2）分小组讨论，把讨论结果写在或画在大白纸上。

（3）每小组选一名学员汇报本小组的讨论结果，汇总如下：

西兰花生产过程中存在的问题	解决的方法	其他要求
1. 虫多无法控制 2. 什么时间打药最佳 3. 真假种子、农药、化肥的识别 4. 农药使用方法 5. 西兰花科学栽培管理技术 6. 西兰花病害防治 7. 生产绿色和有机蔬菜	学员自己不能解决	提供优良品种，解决销售问题

（4）辅导员点评。

3　游戏：合作运气球

3.1　目的： 活跃课堂气氛，提高大家的合作意识和凝聚力。

3.2　材料： 各颜色气球若干，打气筒一个。

3.3　时间： 20 分钟。

3.4　步骤：

（1）以小组为单位，每小组选两名学员分别站在起点和终点，两点相距 20 米（距离可视场地来定）。

（2）其他学员每两人一组，由起点到终点运气球，运球时只能是背对背用后背，或面对面用胸部运气球，运的过程中不能用手碰气球。

（3）因为每个组的学员人数不一样多，为公平起见，在运球过程中只允许一组即两名学员运，到终点可以换人。

（4）站在起点的学员用手把气球放在两个学员中间，站在终点的学员用手接住并记数，运得多的为胜。

（5）让学员讲述这个游戏有何意义。

（6）辅导员点评总结。

游戏结束后，辅导员让学员想一想，通过这个游戏你们有什么体会和启发？辅导员引导大家思考，如果一个人按照游戏规则能否完成？很明显，一个人是无法完成的，只有大家相互配合、相互协作才能完成。让大家想一想，我们蔬菜生产中，合作得越好，效益越好。比如，在病虫害防治中，大家统防统治，要比单独防治效果更好。点评结果得到大家的一致认可。

4　本次内容总结和下次内容安排

4.1　本次内容总结：今天培训的主要内容有2个，一个是农民专题，西兰花生产过程中存在的主要问题，这些问题将是我们今后培训的重点内容；二是游戏，通过“协作运气球”这个游戏，让大家明白，不论在生产还是在生活中，要相互配合、互相协作、相互帮助。

4.2　下次内容安排：下次培训时间为7月1日下午13：30，培训主要内容是农田生态系统分析和两圃田（试验田和对照田）介绍。

5　活动日体会

在培训过程中没有老师，只有辅导员，辅导员要与学员共同参与完成培训。本次培训，学员积极参与各项活动，特别是游戏，充分体现了团结协作的精神。在培训过程中对一些表现积极的进行表扬，对在发言中还有些紧张的学员进行鼓励，在进行分组讨论时，辅导员要参与其中，调动学员的积极性，让每位学员都要发言，说出自己的意见。培训结束后，了解学员对这种学习方式是否适应，上课的时间是否合适，培训内容能否接受等，所有学员非常肯定地表示可以适应这种学习方式，也可以接受上课的时间，并且表示可以按照田间学校的制度做到不迟到，不缺课。

专家点评：

（1）可以想象此次活动现场比较活跃，尤其是游戏环节。游戏是一种培训方法，可以消除人与人之间的隔阂，可以传达一些非常重要的观念。问题表述不规范，不能说 7 个方面的问题农民都不会、都不能解决吧。如果生产问题的讨论能够再深入、具体一点就更好了。

（2）这次活动日的内容与目标不很相符，例如，如何做到结合需求调研结果、票箱测试制订活动日计划，找出培训重点？

（3）辅导员需要考虑如果要求学员分组说出西兰花生产过程中存在的主要问题，那么，辅导员应该结合需求调研结果、票箱测试结果和本次活动发现的问题，引导学员瞄准重点，并与学员一起制订、回顾或分析活动日计划。

活动日 4
农田生态系统观察

1 活动日计划

1.1 培训时间：2008 年 7 月 1 日。

1.2 培训地点：北京市延庆县旧县镇小柏老村。

1.3 参加培训的人员：辅导员谷培云、焦雪霞、国洋及小柏老村农民田间学校学员 38 人，共 41 人。

1.4 培训目标：让农民了解农田生态系统，掌握农田生态系统中各因子之间的关系，并学会如何观察。

1.5 培训方法：讲座、田间观察、小组讨论、游戏。

小组讨论

2　上次课程内容回顾

2.1　目的： 通过对上次培训内容的回顾，让学员加深印象，提高记忆力。

2.2　材料： 大白纸、白板。

2.3　步骤：

（1）由喜乐组带领学员回顾上次课的培训内容。

（2）辅导员补充总结。

2.4　结论：

（1）农民专题“西兰花在生产过程中存在的问题”。

（2）游戏：协作运气球。

主题 1　农田生态系统介绍

目的： 让学员了解什么是农田生态系统，农田生态系统中各因素之间的关系。

材料： 大白纸、白板笔。

农田生态系统是菜田及附近的空间范围内，以蔬菜为主，与蔬菜生长有关的其他生物因子、非生物因子组成的相互制约、相互影响的系统，并在系统内进行物质循环、能量转换、信息交流。AESA 不仅仅是生态系统的反映，而是为了多解决问题，发散思维。通过对农田生态系统的观察和分析，我们有意识地人为地去控制那些可以控制的因素来改变我们农田生态系统，使农田生态系统向有利于蔬菜生长的方向发展。

辅导员在点评过程中，用画图的方式，图文并茂形象生动地介绍农田生态系统及各因素之间的关系。其中人可以通过控制可控制的因素，控制不利因素，使不利因素向有利因素发展，使生态系统向有利作物生长方向发展，保证作物正常生长。

田间观察

主题 2 农田生态系统观察

因为本次培训班的试验田还没有定植，但为了让学员观摩农田生态系统，田间观察选正在收获的西兰花田进行。

目的： 让学员到田间进行实地观察，掌握农田生态系统观察方法。

材料： 大白纸、彩笔、直尺、胶条、剪刀、塑料袋。

步骤：

(1) 辅导员介绍观察方法，调查方法：要选择具有代表性的点，不要集中，也不要太分散，选择的点不能太少，调查方法主要有：对角线五点取样、"Z"取样、棋盘式等取样方法，我们以后主要采用五点法进行观察。

生态系统分析图

(2) 田间观察：由组长组织本小组学员，并把任务分配到每个学员，有记录员、观察员、收集样品的学员，把所有与西兰花生长有关的因素，能采的采回，需要记录的要记录下来。

(3) 分组讨论：在西兰花田里，你观察到的与西兰花生长有关系的因素是什么？在大白纸上写或画出，并用"+"标出对西兰花生长有利的因素，用“—”标出对西兰花生产不利的因素。

（4）各小组选一名学员到台前汇报本小组的讨论结果。

（5）辅导员总结与点评：由辅导员启发和引导大家，让大家想与作物生长的因素有哪些，并分出有利因素、不利因素、未知因素等，并标注对作物生长的影响。

学员汇报讨论结果

有利于作物健康（有利因素）	作　物	不利于作物健康（不利因素）
天气（文字表述或图示）		天气（文字表述或图示）
天敌（标本、图片或文字表述）		害虫（标本、图片或文字表述）
植物部分（间作、忌避、诱集）		杂草（标本、画图、文字表述）
土壤（肥力、结构、水分）		土壤（肥力、结构、水分）

辅导员点评

今天大家观察的都很认真仔细，下面由辅导员把今天4个小组的讨论结果进行总结，把与西兰花生长有关系的因素进行归类，并填到表格里。

西兰花农田生态系统分析（春茬）

作物名称		西兰花
作物生育期		收获后期，株高61厘米，15片叶
不可控制因素		环境因素，如温度、光照、降雨等
可控制因素	有利因素	土壤、肥、水、七星瓢虫天敌等
	不利因素	有黑腐病、菜青虫、小菜蛾、蚜虫，杂草病虫草害等
未知因素		如各种微生物等

通过农田生态系统分析，我们可以把田间生态系统进行简单的归类，使复杂的生态系统更直观，把生态系统可视化。学会了农田生态系统分析，我们就可以根据农田生态系统的变化，从而可以对田间存在的问题进行科学分析与决策，提高我们的决策能力和创造力。通过农田生态系统观察，还可以使我们的观察、分析、讨论、总结、表达能力得到锻炼和提高。

专家点评：

（1）对农田生态系统分析得不够具体。

（2）希望在做生态系统分析时，要做到观察和记录的系统化、全面化；分析要数据化；措施要具体化。

（3）农田生态系统分析可以教会农民科学、全面、系统地进行田间观察，培养农民科学地发现、分析和解决问题的能力。

（4）比较规范的农田生态系统分析格式应该是：首先要有标题，即××地点××作物的农田生态系统分析；中间部位描述两部分内容，上面描述田间生产中的不可变因素，如品种、定植期、定植密度等，下面是植物本身的长势情况和与它相关的环境情况描述；两侧分别进行有利和不利因素分析。此图标的下面要再增加3格，一是目前已经采取的生产管理措施，二是可能会出现的问题，三是下一步的管理措施。

××地点××作物的农田生态系统分析

有利因素：	基本情况描述：具体品种、定植时间、密度等 可变因素观测结果：作物的长势、病虫草害情况、土壤及环境因素等的描述或以绘图形式表达	不利因素：
已经采取的措施		
可能出现的问题		
下一步管理措施		

（5）建议，在教农民进行生态系统分析的时候，要做完整。只有长期训练和使用才能变为农民自觉的思维模式和行为规范。

3　游戏：比眼力

3.1　目的：提高学员的观察力，使学员在以后的农田生态系统观察中，能认真仔细地观察，不要遗漏任何问题。

3.2　材料：两张有五处（也可多处）不同的画，两张为一组，共 4 组，彩笔。

3.3　时间：10 分钟。

3.4　步骤：

（1）每小组发一组画和彩笔，要求在 5 分钟之内找出不同之处。

（2）由学员代表讲有哪几处不同，没有找到的学员讲为什么没找到。

（3）由辅导员点评并作总结。

辅导员通报结果，喜乐组最快，仅用 2 分钟，发财组用 3 分钟，八喜组也在 5 分钟内找出五处，迎新组只找出四处，学员都很认真仔细。辅导员启发大家进行思考，通过这个游戏有什么体会？观察要仔细，有规律的观察，才能更快更准确地全部找出。在以后的农田生态系统观察时要认真、仔细地观察，要从面到点，有规律地进行观察，才能全面，才能更好地分析。

4　本次内容和下次内容安排

4.1　本次课程总结：本次课程主要学习了农田生态系统分析，并到田间进行了实地观察，大家基本掌握了农田生态系统观察、分析的方法；通过比眼力的游戏活动，让大家明白了农田生态系统观察要认真、仔细、全面，才能更好地进行分析。

4.2 下次内容安排：下次培训时间是 7 月 8 日下午 13：30，大家不要迟到，培训主要内容是西兰花苗期管理和定植时的主要技术。

5 活动日体会

学员积极参与，为了让大家了解农田生态系统，辅导员组织学员到正在收获的田间进行观察，并学做生态系统分析图，学员观察仔细，但在做分析图时，有的学员把一些田间没有观察到的因素画在了生态分析图上，经过辅导员点评和讲解，学员都能接受并改正。

专家点评：

游戏活动与培训内容结合度高！

活动日 5 西兰花育苗期管理

1 活动日计划

1.1 培训时间： 2008 年 7 月 8 日。

1.2 培训地点： 北京市延庆县旧县镇小柏老村。

1.3 参加培训的人员： 辅导员谷培云、焦雪霞、国洋及小柏老村农民田间学校学员 39 人，共 42 人。

1.4 培训目标： 让学员了解农民田间培训设两圃田的目的。通过农田生态观察分析，学习如何观察，分析，做决策，掌握西兰花苗期管理技术。

1.5 培训方法： 讲座、田间观察、小组讨论、游戏。

2 上次课程内容回顾

2.1 目的： 通过对上次培训内容的回顾，让学员加深印象，提高记忆力。

2.2 材料： 大白纸、白板。

2.3 步骤：

（1）由发财组带领学员回顾上次课的培训内容。

（2）辅导员补充总结。

主题 1 试验田和对照田简介

目的： 让学员了解农民田间学校设两圃田的目的，经过农田生态系统观察后所作出的决策在试验田中进行实施，并用农民自己管理的田作为对照，找出不同点。

材料：白板、笔。

方法：由辅导员讲解。

为了能更好、更直观地看到农民田间学校的培训效果，并为农民进行示范，需要设置试验田和对照田，我们把在田间观察到的情况经过分析，决定近期田间农事活动，把讨论结果在试验田实施。对照田是农民按照自己的方法去管理的地，通过观察比较两块田的区别，在以后的生产过程中，采用好的做法，改变以前不对的地方，实现试验田好的经济、社会和生态效益。

专家点评：

试验示范田除了这个目的外，还可以带着农民一起研究他们生产中自己难以解决的一些重要问题，或者生产中农民之间意见分歧比较大的问题（对比），或者给农民补充生产方面的一些信息，如新品种、新技术的展示，同时，试验示范田也是农民实践的场所。

主题 2　农田生态系统分析

农田生态系统观察

目的：让学员了解近期农田生态系统变化，通过讨论分析，为下一步农田管理做出决策。

材料：大白纸、直尺、彩笔、塑料袋、试管、胶带、壁纸刀。

辅导员点评总结

学员汇报小组讨论结果

步骤：

(1) 田间调查，辅导员简要介绍调查的内容和方法，每小组调查 1 点，每点查 10 株，记录病虫害发生情况，并调查 1 平方米内杂草数量，观察农田生态系统中的所有因素，并记录西兰花目前长势。

(2) 发财组和迎新组观察试验田，另外两个组观察对照田。

(3) 以小组为单位分析讨论，绘制生态系统分析图。

(4) 各小组汇报本小组讨论结果。

(5) 辅导员进行点评总结。

辅导员点评总结：

农田生态系统分析　日期：7 月 8 日

	试验田	对照田
长势及生育期	株高：7～8 厘米，叶片数：4 叶 1 心，生育期：苗期	株高：8～10 厘米，叶片数：4 叶 1 心，生育期：苗期
有利因素	苗长势较好，环境比较适宜生长	土壤温度适宜，环境适宜
不利因素	有害虫，菜青虫，小菜蛾，有虫卵，10 株苗有 18 条虫，30 多个卵，有黑根病，每平方米有 100 多棵杂草，主要是小白菜，人参菜，灰灰菜，土壤有点干	有害虫，蚜虫 3 头，菜青虫 20 头，小菜蛾 4 头，虫卵 30 个，有草，每平方米小白菜 80 棵，死不了 8 个，稗草 20 棵

（续）

农田生态系统分析　日期：7 月 8 日		
	试验田	对照田
结论	草多，虫多	草多，虫多，遮阴过了，苗有点蹿了
措施	及时除草，浇水，喷施农药防治害虫，可喷施 1.8%阿维菌素乳油，用 1.2 毫升药兑 2.5 千克水，均匀喷施	

专家点评：

（1）对照田也应该有下一步管理措施。此时如果能把试验田和对照田在生产管理方面的不同点有所描述的话，会更有说服力。

（2）这次的活动日与上次活动日相似，上次是农田生态系统观察，这次是农田生态系统分析，但从内容和结果上看起来似乎并没有太大差别。辅导员最好做一些连续性练习的说明，比如小组每一次都是定株观测，这样与上次活动日的农田生态系统分析就有紧密联系了，前后可以进行比较。

3　游戏：解绳

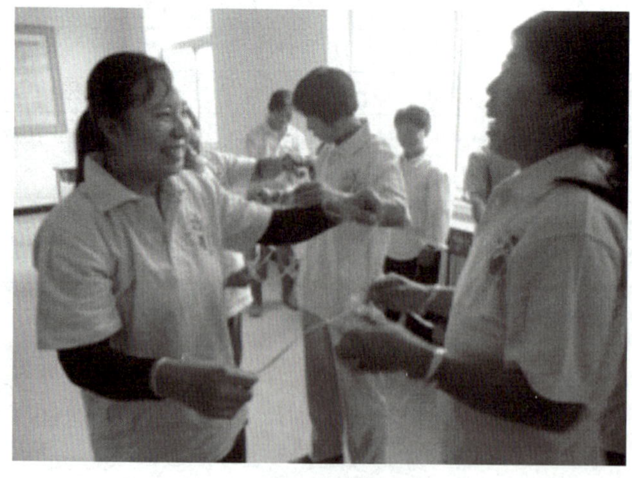

游戏：解绳

3.1　目的： 活跃气氛。
3.2　材料： 塑料绳。
3.3　时间： 20 分钟。
3.4　步骤：

（1）把塑料绳剪成 50 厘米长，每人一根。

（2）每两名学员为一组，把绳子两端挽成活套套在自己的两只手腕上，两条绳子相互交叉。

（3）在绳子不离开手腕的情况下两条绳子分开。

（4）学员讨论游戏的意义是什么。

（5）由辅导员点评、总结。

这个游戏，一是活跃气氛，另一方面，让学员明白做事时，不要把问题复杂化，在生活和生产中，不管我们遇到什么困难，只要我们认真思考，找到问题的关键点，就一定能找到方法解决。

4　本次内容总结和下次内容安排

4.1　本次培训总结： 今天培训的主要内容是，给大家介绍了咱们农民田间学校设了两圃田，一个是试验田，一个是对照田，试验田是咱们每次培训时要到田间观察的田，把我们观察后做出的决策在试验田中进行实施，并与对照田进行对照，看看有什么不同；第二部分内容就是农田生态系统观察，通过观察，进行分析讨论，决定试验田最近应拔草、浇水，并及时打药防治害虫；最后通过一个游戏，既活跃了课堂气氛，也让我们明白，遇到问题只要认真思考，总有解决的办法，办法总比问题多。

4.2　下次培训安排： 下次培训时间为 7 月 15 日 13：30，培训的主要内容是，西兰花定植时的主要技术措施，植物病害基础知识及演示性试验——病菌的传播途径。

5　活动日体会

今天我的体会是，学员学习积极性很高，克服各种困难参加培训。6 月底到 7 月上旬正是春茬蔬菜收获时期，秋茬蔬菜播种养苗的季节，是一年当中最忙的时候，学员们从早晨三四点钟起床到晚上 9 点有的甚至到 10 点一直在地里忙于农事，但是学员们为了能参加农民田间学校的学习，他们有很多人连中午饭都顾不上吃，有的学员在来参加学习的路上吃，还有的学员到课堂上来吃一口馒头或一个火烧。他们的这种学习热情让我们感动，增加了我们办好农民田间学校的信心。另一方面，我们也体会到，学员有丰富的实践经验，辅导员要与学员保持平等的关系，虚心向学员学习。如在农田生态系统观察中，对照田西兰花苗出现徒长的现象，有经验的学员就找出了原因和解决的办法，与其他学员进行了经验共享。

活动日 6
西兰花定植时期的主要技术和病害基础知识

1 活动日计划

1.1 培训时间： 2008 年 7 月 15 日。

1.2 培训地点： 北京市延庆县旧县镇小柏老村。

1.3 参加培训的人员： 辅导员谷培云、焦雪霞、国洋及小柏老村农民田间学校学员 37 人，共 40 人。

1.4 培训目标： 让学员掌握西兰花定植时的主要技术。学习病害基础知识，认识西兰花上的主要病害，并掌握其防治方法。

1.5 培训方法： 讲座，田间观察，小组讨论，游戏。

2 上次课程内容回顾

2.1 目的： 通过对上次培训内容的回顾，让学员加深印象，提高记忆力。

2.2 材料： 大白纸、白板。

2.3 步骤：

（1）由迎新组带领学员回顾上次课的培训内容。

（2）辅导员补充总结。

2.4 辅导员总结：

（1）学习了两圃田，知道了我们在培训中要设置两圃田。

（2）农田生态系统分析，通过田间观察、讨论分析，决定了试验田近期的农事活动。

（3）游戏：解绳。通过这个游戏，我们知道了，遇到问题要认真思考，总有解决的办法。

主题 1　西兰花定植时的技术要点

目的：让学员掌握西兰花在定植时的技术措施。

材料：大白纸、直尺、彩笔。

步骤：

(1) 辅导员给出讨论题目“西兰花在定植前后的主要技术措施，出现的问题及解决的方法”。

(2) 每小组用20分钟时间进行讨论。

(3) 每小组选一名学员汇报讨论结果。

(4) 辅导员进行点评总结。

(5) 辅导员点评总结。

西兰花在定植时的主要技术措施：

①打畦：地势平坦、排灌方便，畦宽2米，定植4行。

②底肥：有机肥鸡粪1立方米+15千克二铵/亩，沟施或穴施。

③定植前在秧畦内先用药剂防治害虫，用1.8%阿维菌素乳油，1.2毫升药兑水2.5千克，均匀喷撒。

④定植当天上午先把秧畦用水浇足，3小时后挖苗，挖苗时注意不要伤根，下午4点开始定植，如果栽苗早，温度高，苗容易受害。

⑤定植密度：密度50厘米×55厘米，1亩定植2 300株。准备备用苗，补苗时用。定植时要捡出病苗，大小苗要分开定植。

⑥定植时不要过深，也不要过浅，深度与苗床深度一致，过浅浇水时容易把苗冲走，过深缓苗慢。

⑦定植后浇水，一定要浇透。如果能够明确壮苗标准和具体定植时间就更好了。

主题 2　植物病害基础知识

目的：让学员了解一些病害基础知识，识别西兰花上的主要病害，并掌握防治技术。

材料：大白纸、直尺、彩笔。

步骤：

(1) 由辅导员简要介绍病害的基础知识。

(2) 让学员讨论他们在生产过程中认识的西兰花主要病害的种类、发生部位、时期、特点及防治方法。

(3) 以小组为单位讨论。

(4) 各小组汇报本小组讨论结果。

(5) 辅导员进行点评总结。植物病害主要分为生理性病害和非生理性病害两大类，生理性病害主要是由不良环境因子引起的非侵染性病害，如高温（烤）、低温（冻、寒）、水分（旱、涝）、日光（日烧、黄化）、肥害（缺素、烧根）、药害等因素引起的不正常的现象。而非生理性病害主要分为细菌、真菌、病毒和线虫，要做好病害的防治，首先要认识病害，分清生理性病害和非生理性病害的区别。

	非生理性病害	生理性病害
田间分布	点片发生或具有发病中心，有扩展蔓延的趋势或与传播介体的分布一致	较均匀一致，或明显与栽培地域有关
症状	各种类型，有些病征明显	症状多为变色或水浸状、畸形、矮化，无病症（有时可见病部出现腐生菌）
病原组织分离	除专性寄生生物，都可分离到病原物	分离不出病原物
传染性	可传染	不能传染
复原性	不能复原	有些可复原

区分出生理性病害和非生理性病害后，还要认识真菌性病害、细菌性病害、病毒和线虫，所以首先要对植物病害进行识别和诊断，了解植物病害的主要症状——病状和病症。

1）病状及其类型。病状是指感病植物本身所表现的不正常状态。有变色、坏死、腐烂、萎蔫、畸形等几种类型。

变色：植物受害后局部或全株失去正常的绿色称为变色。变色症状有两种形式。一种是整个植株、整张叶片或者叶片的一部分均匀地变色，主要表现为褪绿和黄化。另一种形式是叶片不是均匀的变色，如花叶是指叶片黄绿相间，不同部分之间轮廓明显的变色；斑驳是指各部分轮廓不清的变色；沿着叶脉的变色叫作沿脉变色，主脉和次脉为半透明状的叫作脉明。病毒病或缺素症往往表现为变色的症状。

斑点：植物的细胞和组织受到破坏而死亡，形成各式各样的病斑。病斑的颜色不一，有褐色、黑色、灰色、白斑等，病斑的形状也不同，有圆形、椭圆形、梭形，轮纹形、不规则形等；有的病斑受叶脉限制，形成角斑；有的沿叶脉发展形成条纹或条斑；有的病斑周围有明显的边缘，有的没有。病斑扩大而连成更大的病斑。植株的根、茎、叶、叶柄、果、穗等各部位都可发生坏死性病斑，造成叶枯、枝枯、茎枯、落叶、落果等。

腐烂：植物的组织细胞受病原物的破坏和分解可发生腐烂。含水分较多的柔软组织，有的细胞间的中胶层被病原物分泌的酶所分解，致使细胞分离，组织崩溃，造成软腐或湿腐，腐烂后水分散失，成为干腐。幼苗的根或茎腐烂，幼苗直立死亡，称为立枯；幼苗倒伏，称为猝倒。

萎蔫：萎蔫是指植物由于失水导致枝叶凋萎下垂的一种现象，通常是全株性的。萎蔫有两种情况：一种是因干旱引起的植株生理性萎蔫，另一种是由于病菌侵染维管束组织引起的病理性萎蔫。

畸形：植物被侵染后，细胞数目增多或减少，体积增大或变少，导致局部或全株呈畸形，表现类型很多，例如矮化、丛枝，此外还有卷叶、皱叶、蕨叶、扁枝、叶片肥厚、扭曲等。畸形的病状在病毒病中较为常见。

2）病症及其类型。植物发病后，除表现以上的病状外，在发病部位往往伴随着出现各种病原物形成的特征性结构，叫病症。常见的有下面几种：霉状物、粉状物、粒状物、脓状物。

霉状物：霉是真菌性病害常见的病症，不同的病害，霉层的颜色、结构、疏密等变化较大。可分为霜霉、黑霉、灰霉、青霉、白霉等。

粉状物：粉状物是某些真菌的孢子密集的聚集在一起所表现的特征。根据颜色的不同又可分为白粉、锈粉、黑粉等。

粒状物：病菌常在病部产生一些大小、形状、颜色各异的粒状物。这些粒状物有的着生在寄主的表皮下，部分露出，不易与寄主组织分离，如真菌的分子孢子盘、分子孢子器、子囊壳、子座等；有的则长在寄主植物表面，如菌核等。

脓状物：这是细菌特有的特征性结构。在病部表面溢出含有许多细菌和胶质物的液滴，称作菌脓或菌胶团。

病症一般在植物发病的后期才出现，气候潮湿有利于病症的形成。

	真菌性病害	细菌性病害	病毒病	线虫
病状	变色 斑点 萎蔫	腐烂	畸形 变色	萎蔫
病症	霉状物 粉状物 粒状	脓状物		

大家讨论的结果：

西兰花生产过程中主要病害种类，发生时间、部位、特征及防治方法

西兰花主要病害	发生时期、部位及特征	防治方法
病毒病	主要发生在苗期，叶片皱缩，植株矮小	排除病株，及时中耕除草，防治蚜虫
软腐病	从苗期开始，开始从茎基部出现水渍状病斑，后逐渐扩大成片，腐烂并释放出臭味，使植株基部腐烂	及时清除中心病株，并用药剂处理土壤后，方可浇水；注意田间不要积水，要浇小水；加强田间管理，要适时防治虫害，减少伤口，避免传染；可用58.3%可杀得可湿性粉剂600～800倍液或新植霉素、农用链霉素5 000倍液进行灌根或喷施茎基部，每7天1次，连续3次
黑腐病	从苗期开始均可发病，主要危害叶片，从叶缘向叶片中央形成“V”形黄褐色坏斑	注意田间不要积水，要浇小水；加强田间管理，要适时防治虫害，减少伤口，避免传染性；可用58.3%可杀得可湿性粉剂600～800倍液或新植霉素、农用链霉素5 000倍液进行叶面喷施，每7天1次，连续3次

主题3　演示试验：病菌传播途径

演示性试验：病菌的传播途径。

目的： 让学员了解病菌是怎么传播的，可以通过切断病菌的传播途径，减轻病害的发生，减少农药的使用，提高蔬菜的品质。

材料： 白粉、黑色布10米左右、自来水、矿泉水瓶、吹风机。

步骤：

(1) 把黑色布铺在地上。

(2) 把白粉均匀撒在黑布的一边。

(3) 每组派一名学员站在白粉上，然后向前走，让学员观察。

(4) 辅导员用盛有自来水的矿泉水瓶，把水从白粉的一边倒在白粉上，把白粉冲走；再把自来水从高处倒在白粉上，白粉向四周飞溅，让学员观察。

(5) 用吹风机把白粉吹开，让学员观察。

(6) 学员汇报观察结果。

辅导员结合实例进行点评总结：病菌是肉眼看不到的，我们用白粉代替病菌，我们可看到病菌有人为传播和自然传播。自然传播包括气流，风力，雨水，昆虫；人为传播包括人在农事操作过程中传播，农机具，浇地，种子的调运等均可把病菌传播。了解病菌的传播途径后，我们可以切断病菌的传播途径进行防治。如在农事操作过程中要注意农机具的使用，不用耕过病害发生重的地块的农机耕未发生此种病害的地，如甘蓝枯萎病，白菜软腐病，就是靠流水进行传播的，可以在发现病株时及时拔除，然后用药剂处理病株附近的土壤。通过切断病菌的传播途径，减轻病害的发生，减少农药的使用，提高蔬菜的品质。

3　本次内容总结和下次内容安排

3.1　本次培训总结： 今天我们通过农民专题，共同讨论并形成了西兰花定植时的主要技术，西兰花很快就要定植了，我们的试验田要按照我们讨论的结果进行管理。第二项内容是病害基础知识，以后我们要到田间认识不同的病害，并逐渐地掌握，只有能够正确识别病害，才能对症用药，防治效果才能更好。第三项内容是关于病菌传播途径的演示性试验，我们要认识到田间发生病害不要总是选择用药剂防治，我们也可以切断传播途径进行防治，可以减少药剂投入，节省成本，增加收入，还提高农产品品质。

3.2　下次课内容安排： 下次培训时间是 7 月 22 日下午 13：30，根据大家提出的要求，明年村里也想发展设施蔬菜生产，但对保护地生产没有经验，所以下次培训的主要内容是观摩，到广积屯村观摩设施蔬菜生产。

4　活动日体会

这次培训体会是，我们感觉今天病害基础知识内容多，对农民来说，有些难理解，在以后培训中应该再简单一些，分多次讲，并用实物，没有实物用图片，这样农民更容易接受。通过今天的培训，我们发现，在讲病害基础知识时用演示性试验讲效果更好，把更深的理论知识通过演示性试验，使其可视化、简单化，农民更容易接受，才能得到学员的认可。在培训过程中，学员积极参与，在“西兰花在定植时的主要技术措施”农民专题讨论时产了分歧，有的学员认为药剂可以防治菜青虫卵，有的学员认为药剂不能防治菜青虫卵，我准备在以后的培训活动中增加一个对比试验来回答农民的问题。

活动日 7
设施蔬菜栽培管理技术观摩

1　活动日计划

1.1　培训时间： 2008 年 7 月 22 日。

1.2　培训地点： 北京市延庆县旧县镇小柏老村。

1.3　参加培训的人员： 辅导员谷培云、焦雪霞、国洋及小柏老村农民田间学校学员 39 人，共 42 人。

1.4　培训目标： 开阔学员的视野，了解和学习设施蔬菜栽培管理技术。

1.5　培训方法： 观摩。

主题　设施蔬菜栽培管理技术

步骤：

（1）辅导员要提前与观摩地点的负责人进行联系，确定观摩时间及内容。

（2）交通工具准备好，定好时间、地点、费用。

（3）辅导员告诉学员要观摩的内容，提出问题，让学员在观摩过程中思考。

（4）观摩过程中要注意不要迟到，时间观念一定要强，要听辅导员、班长、组长的指挥；不要随便摘取蔬菜，不要踩苗，不要损坏设施等。

（5）由本村农民田间学校农民辅导员和科技示范户带领观摩，并介绍生产情况及所应用的技术。

（6）观摩结束后进行讨论分析。

全体学员与基地学员合影

(7) 辅导员进行总结。

今天大家表现得都很好，也提出了很多问题，通过自己观察和技术人员的讲解，学到了一些知识和技术，下面我们一起把观察到的问题进行归纳总结，填到下表中。

问题与答案

问　　题	答　　案
棚上泥点的作用是什么?	遮阳的（防止日灼病）
种的作物是什么？常用的品种是什么?	彩色甜椒，常用的品种是红苏珊和黄贵人
定植几垄？行距是多少？株距有多少?	定植 6 垄，棚两边是一垄一行，中间 4 垄每垄两行，垄宽 80 厘米，行距大约是 60 厘米，株距大约是 35 厘米
彩椒种植和咱们平时露地上种大椒管理一样吗？有什么不同?	不一样，彩椒需要打杈、吊绳，而露地大椒一般不用
他们都采用了什么方法防治害虫?	放了天敌，有防治虫网、防虫门帘，有黄板、蓝板，还打药
他们怎么浇水和施肥?	用膜下滴灌
铺地膜有什么作用?	一是提高地温，可提前定植；防治杂草，不用人工除草；还可保持土壤湿度，控制棚室内的湿度，减轻病害的发生

2 本次内容总结和下次内容安排

2.1 本次培训总结： 今天观摩大家表现都很好，学到很多新的知识和技术，回去后大家再回味回味，如果有什么问题下次培训时还可以继续提出。

2.2 下次培训内容安排： 下次培训时间是7月29日下午13：30，培训的主要内容是农药基础知识。

3 活动日体会

组织学员观摩，在观摩前一定要做好充分的准备工作，组织观摩可以调动大家的积极性，学员对培训更有兴趣，能更直观地学到一些技术。

专家点评：

（1）如果观摩后表中所列的问题是观摩后发现的，那么，对应的答案是如何得来的呢？如果辅导员能够通过与学员讨论互动得出结果，那会很好。

（2）如果能够对所看到的品种和技术的采纳意愿及不采纳的顾虑进行统计和分析就更有意义了。

活动日 8 科学使用农药

1 活动日计划

1.1 培训时间： 2008 年 7 月 29 日。

1.2 培训地点： 北京市延庆县旧县镇小柏老村。

1.3 参加培训的人员： 辅导员谷培云、焦雪霞、国洋及小柏老村农民田间学校学员 39 人，共 42 人。

1.4 培训目标： 让学员掌握科学使用农药技术。

1.5 培训方法： 小组讨论，游戏，演示，观察。

2 上次课程内容回顾

2.1 目的： 通过对上次培训内容的回顾，让学员加深印象，提高记忆力。

2.2 材料： 大白纸、白板。

2.3 步骤：

（1）由发财组带领学员回顾上次课的培训内容。

（2）由辅导员点评总结。

辅导员组织全体学员到广积屯观摩了彩椒的栽培管理技术，我们学到了很多新的知识，了解了彩椒的管理及一些技术的应用，收获很大。

主题 1 科学使用农药技术

目的： 让学员掌握农药科学使用技术。

材料： 大白纸、直尺、彩笔。

步骤：

由辅导员给出讨论题目及要求。

学员分组讨论。

小组汇报讨论结果。

辅导员带领学员进行总结归纳。

讨论后辅导员总结归纳培训内容：

（1）农药使用过程中注意事项：

①注意辨别农药的真假。最简单的辨别方法是“四看”：一看“三证”（登记证、准产证、标准证）是否齐全。二看有无详细厂址和农药出厂日期，是否已经过期。三看有无防伪标志。四看乳油农药是否有混浊、分层、结晶和沉淀现象，水剂农药是否透明、均匀、无杂质；粉剂农药是否有结块；颗粒剂是否光滑等。

②注意不要选用高毒高残留农药。在瓜果蔬菜上不能再使用有机磷制剂、有机汞制剂、无机砷制剂，如 3911、1605、六六六、滴滴涕、杀虫醚等。应对症选用生物源、矿物源和低毒、低残留的有机合成农药。

③注意农药对症选用。各种农药都有它防治的主要对象范围，各种病虫害都有它致命的弱点。只有对症选用农药，才能达到节本增效的目的。因此，千万不可马马虎虎乱选用农药。一种农药一般可以连用 4 年，如果长期使用一种农药，病虫就会产生抗性，药效就差了。因此，同类性质的农药应当交替使用。

④注意走出贪图便宜的误区。“一分钱，一分货。好货不便宜，便宜没好货”。优质农药一般价格都相对较高，而劣质农药价格相对较低。劣质农药有的防治病虫效果很差，有的使用后可能还会产生严重药害。

⑤注意同种农药的不同名称。一些农药厂家根据农民求新的心理特点，经常生产一些同种异名农药，例如齐螨素、虫螨光等就是阿维菌素；速灭杀丁、氰戊菊酯等就是杀灭菊酯；保绿宁就是高效氯氰菊酯；甲氰菊酯就是灭扫利。

⑥注意农药喷施的最佳时期。一定要掌握各种病虫的发生规律和特点，抓住容易防治的有利时机，才能获得事半功倍的效果。要坚持“病在于防，虫在于治”的原则和“预防为主、综合防治”的方针。做好病虫测报，抓住关键防治时期，做到治早治小治了。

⑦注意农药使用浓度要合理。一般来说，单独使用一种农药，病虫危害较轻时，可采用上下限平均浓度；病虫危害严重时，应采用下限浓度。如果几种农药混合使用，其浓度应分别采用上限浓度为宜。

⑧注意不能随便混用农药。酸性农药和碱性农药不能混合，因混合后即会发生酸碱中和反应，使药效减弱。一般同性质农药可以混合，但个别同性质农药也不能混合。例如石硫合剂和波尔多液都呈碱性，但不能混合，因为混合后增加了铜离子的溶解量，容易干扰植物体内酶的正常活动，发生药害。

⑨注意喷施技巧。一是要掌握天气变化，做到“五不喷”：刮大风不喷，下雨不喷，雨前不喷，有露水时不喷，烈日下不喷。二是要掌握喷药部位。例如蚜虫在果树嫩叶嫩梢上，而山楂叶螨多在果树膛内老叶片背面等。它们所处的位置不同，所以，喷施农药的部位也就不同。三是要求喷药要细致、均匀、周到，既不要多次重复喷施，也不要漏喷。

⑩注意安全喷药。喷药时切实做到“一穿四戴三不”，即穿长衣长裤，戴口罩、塑料手套、防风镜、草帽，在操作过程中不吸烟、不喝水、不吃东西。喷药后，操作人员应及时洗净手和脸、漱漱口，有条件的可先洗个澡，换上干净衣服，然后再喝水吃饭。

（2）不合理使用农药造成的严重后果

农药使用得当就可以起到保护植物、提高农作物产量的良好效果；如果不能科学合理使用，不但不能充分发挥农药应有的作用，反而会造成许多严重的后果。

①造成环境污染。农药对环境的污染主要表现在对土壤、水源、空气及农副产品的污染。

②导致病虫产生抗药性。由于连续大量地不合理使用农药，导致病虫不同程度地产生抗性，如棉铃虫、菜青虫等已经对菊酯类农药产生抗性。

③破坏生态平衡。使用剧毒、高毒农药，会杀死田间大量的天敌，如瓢虫、蜘蛛、草蛉等，导致害虫猖獗发生。

④造成人畜中毒。

⑤造成农副产品中农药残留污染。

⑥导致农作物发生药害。

⑦增加农业生产成本。

主题 2　演示性试验：精准农药量具的使用

辅导员演示农药精准量具使用

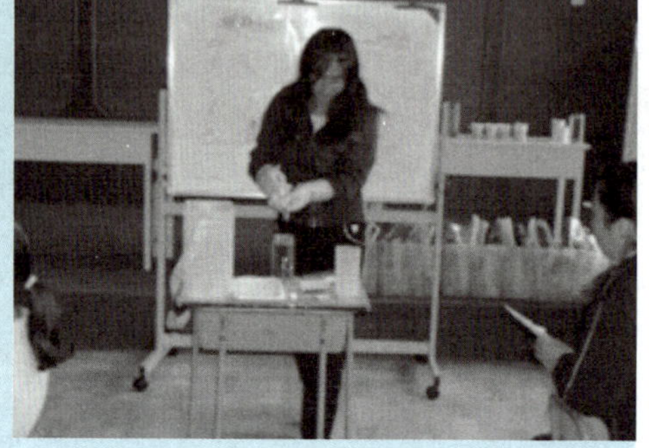

学员演示农药精准量具使用

目的：让学员掌握农药量具的使用方法及在使用过程中应注意的事项。

材料：农药精准量具一套，水、红墨水、蓝墨水。

步骤：

（1）先由辅导员进行演示，在演示过程中详细讲解，以红墨水或蓝墨水作农药配制一定浓度的药液。

（2）选一名学员代表到前台进行演示，并让学员仔细观察，在操作过程中是否存在问题。

（3）全体学员自己动手配制农药。

主题 3　农田生态系统观察

目的：让学员进一步了解农田生态系统，熟练掌握观察农田生态系统的内容和方法，并根据观察结果进行总结分析，决定近期试验田农事活动。

材料：大白纸、直尺、彩笔、塑料袋、试管、胶带、壁纸刀。

步骤：

（1）田间调查：辅导员简要介绍调查的内容和方法，每小组分别在

IPM 田和 FP 田调查 1 点，每点查 10 株，记录病虫害发生情况，并调查 1 平方米内杂草数量，观察农田生态系统中的所有因素。

（2）以小组为单位分析讨论，绘制生态系统分析图。

（3）各小组汇报本小组讨论结果。

（4）辅导员进行点评总结。

西兰花田农田生态系统分析　日期：2008 年 7 月 29 日　天气：晴		
生育期：营养生长期，株高 15～20 厘米，叶片数：8～12 片叶		
	试验田	对照田
有利因素	有天敌七星瓢虫，无杂草，水肥及环境适宜	有天敌七星瓢虫
不利因素	有病害，黑腐病 1 株/10 株	杂草 8 棵/平方米 有小菜蛾 2 头/10 株，菜青虫 3 头/10 株，土壤过湿
问题	有天敌，无杂草，水肥适宜但有病害	
措施	注意及时防治病害，可选用新霉素、农用链霉素 5 000 倍液，58.3%可杀得2 000 干悬浮剂 600 倍液，47%加瑞农可湿性粉剂 400 倍液进行叶面喷雾，每 7 天 1 次，连续使用，不要混合用药，可轮换用药	

专家点评：

（1）农田生态系统分析不够完整，植物本身的长势是否正常才是最需要观察的内容，农民田间学校有多次的培训机会，应该可以帮助农民掌握全面、科学的观察内容和方法。

（2）农田生态系统分析是农民田间学校的主要培训方法，辅导员经常应用这种方法很好。但是，每次应用要有新的发现和启示。本次活动中辅导员应该就学员掌握这种方法的程度进行点评。

3　游戏：食物网

3.1　目的：让学员了解环境、作物、害虫、天敌之间相互依赖的关系，农药对害虫、天敌都具有杀伤力，保护和利用自然天敌资源，保护生态环境。利用天敌来控制害虫，生产健康蔬菜，提高学员的 IPM 意识。

3.2 材料： 小纸条若干（与学员数相等）分别写太阳 1 张、植株 4 张、害虫 12 张、其余为天敌（此比例并非固定，视人数多少而定，尤其害虫、天敌都可变化）、长 50 厘米塑料线（条数与学员数相等）、指定一位农民、一位技术员。

游戏：食物网

3.3 时间： 20 分钟。

3.4 步骤：

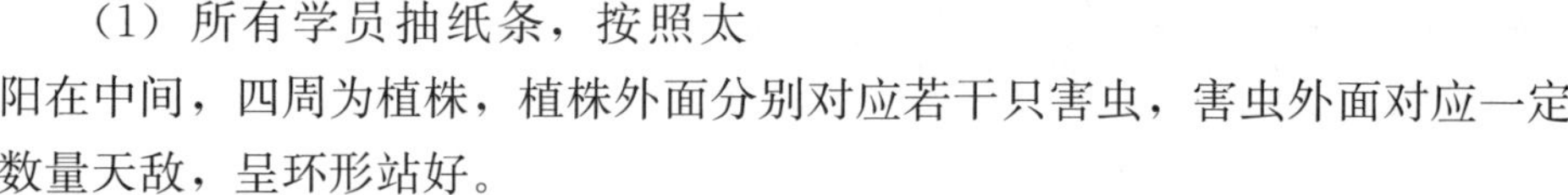

（1）所有学员抽纸条，按照太阳在中间，四周为植株，植株外面分别对应若干只害虫，害虫外面对应一定数量天敌，呈环形站好。

（2）用塑料绳把太阳与作物、作物与害虫、害虫与天敌分别连起来。

（3）所有学员听辅导员的指挥，按辅导员说的去做，辅导员：万物生长靠太阳（太阳站立），植株在阳光下茁壮成长（植株慢慢站起），同时害虫也开始为害植株，天敌也相继出现（植株半蹲下，害虫、天敌站起）。

（4）农民发现害虫就用杀虫剂防治，在害虫被杀死的同时，天敌也被杀死（害虫、天敌蹲下）。

（5）害虫失去了天敌的控制，并产生抗药性再度猖獗（害虫再次站起），打药效果不佳，农民咨询技术员。

（6）技术人员讲解，使用化学药剂防治害虫，打药后，在杀死蔬菜害虫的同时，也杀死了天敌昆虫，害虫失去了天敌的控制，为害更加猖獗，先有害虫，天敌才出现，所以在防治害虫时要掌握防治最佳时期，在害虫发生高峰前用药防治；另一方面，我们长期使用单一化学农药防治害虫，害虫对常用化学农药产生了不同程度的抗药性，降低了防效。所以为了更有效地防治害虫，我们要采用 IPM 防治技术，也是我们农民田间学校要学习和掌握的一项防治技术，即在我们村现在正在示范的防治技术，在采用农业防治的基础上，利用物理杀虫灯诱杀蔬菜害虫，放性诱捕器诱杀小菜蛾，释放赤眼蜂寄生害虫的卵，结合喷施生物农药和高效低毒低残留的化学农药等方法防治害虫，可以得到很好的防治效果，并生产出绿色农产品。

3.5 辅导员点评总结： 经过技术员讲解，农民也意识到天敌减少会加剧害虫猖獗，生物间是相互依赖的。要合理的使用农药，掌握最佳的防治时期，通过保护天敌来抑制害虫的为害，进而培养健康作物。

4　本次内容总结和下次内容安排

4.1　本次培训内容总结：今天培训的主要内容，一是科学使用农药，其中给大家介绍了如何区别真假农药，购买农药的注意事项，重点讲了农药在使用过程中的注意事项，不科学使用农药所造成的后果，希望大家以后在使用农药的过程中一定要科学使用，要充分利用精准农药量具进行精确配药。通过今天的农田生态系统观察，大家基本掌握了农田生态系统观察方法，以后在生产中要根据我们田间生态系统的变化决定近期的农事活动，避免盲目性和盲从性。我们今天还做了游戏，通过食物网的游戏，让大家了解了农田生态系统中太阳、作物、害虫、天敌之间的关系，生产中在防治害虫的时候要保护天敌。

4.2　下次培训内容安排：下次培训时间是 8 月 5 日，主要培训内容为昆虫基础知识，药剂防治菜青虫卵和药剂防治小菜蛾田间操作技术示范，游戏。

5　活动日体会

今天的体会是，在培训中多让学员自己动手，更容易掌握技术和知识，并能调动大家的积极性。另外，辅导员要有应变能力，对学员提出的问题不要轻易说是，或不是。在本次培训中，学员在讨论时，药剂是否能杀死菜青虫卵意见不一，有的学员认为药剂可以防治菜青虫卵，有的学员说不能，辅导员没有肯定或否定的回答，决定下次课与学员共同设计一个试验进行验证，得到了学员的认可。并根据学员认为打药防治小菜蛾，3 天打一次，还要加大农药浓度，才能控制住小菜蛾危害的习惯性防治技术，设计药剂防治小菜蛾田间操作技术演示性试验。

专家点评：

（1）本次活动内容很丰富，但内容有点多，农民消化起来比较困难。

（2）游戏设计得很好，能直观地说明道理。辅导员很灵活，能根据学员的问题，及时调整下次课的培训内容。

活动日 9
昆虫基础知识

1 活动日计划

1.1 培训时间：2008 年 8 月 5 日。

1.2 培训地点：北京市延庆县旧县镇小柏老村。

1.3 参加培训的人员：辅导员谷培云、焦雪霞、国洋及小柏老村农民田间学校学员 38 人，共 41 人。

1.4 培训目标：让学员掌握一些昆虫的基础知识，识别西兰花上的主要害虫，并掌握其防治方法。

1.5 培训方法：讲座、小组讨论、试验、示范。

2 上次课程内容回顾

2.1 目的：通过对上次培训内容的回顾，让学员加深印象，提高记忆力。

2.2 材料：大白纸、白板。

2.3 步骤：

（1）由发财组带领学员回顾上次课的培训内容。

（2）辅导员补充总结。

2.4 结论：上次课培训的主要内容为农民专题：农药科学使用技术，通过这个专题让大家了解了如何区别真假农药和农药在使用过程中应注意的事项。为了精准用药，给大家配了一套农药精准使用量具，并演示了使用方法。掌握了农田生态系统观察方法，并通过游戏，让大家了解农田生态系统中各因素在田间的关系。

主题 1　昆虫基础知识

目的：让学员认识农业昆虫，了解害虫的生活习性和防治方法，认识天敌昆虫。

材料：大白纸、彩笔、直尺、昆虫标本、昆虫彩图。

步骤：

（1）由辅导员介绍专题的内容，每小组发一个昆虫标本和彩图。

（2）学员讨论。

（3）学员汇报讨论结果。

（4）辅导员点评。

（5）辅导员讲解昆虫基础知识（用演示文稿讲授）。

西兰花主要害虫	发生特点	防治方法
1. 小菜蛾	苗期集中在叶心和叶片背面，9 月以后，数量自然下降，防治困难	综合防治，杀虫灯，诱捕器，利用天敌，喷施药剂，要用生物农药和高效低毒低残留的农药。药液要喷均，主要喷在叶心和叶片背面
2. 菜青虫	卵主要产在叶片背面，低龄幼虫在叶片背面危害，3 龄以上到叶片正面，食量大，危害重。9 月下旬发生量下降	可结合防治小菜蛾进行防治
3. 甘蓝夜蛾	卵块产在叶片背面，数量大，食量大危害重，9 月下旬发生量下降	可结合防治小菜蛾进行防治。认识甘蓝夜蛾的卵后可采用农业防治方法，即在生产中抹掉卵粒减少其危害
4. 蚜虫	从种到收均可发生，主要发生在叶片背面	要充分利用自然天敌，用内吸性药剂防治，如吡虫啉
5. 地下害虫	苗期危害，主要有小地老虎、蛴螬、金针虫等	定植前用药剂与肥料拌匀防治，苗期可撒毒饵和灌根

主题 2　试验研究：药剂防治菜青虫卵

此试验是根据课上所讲的内容，有的学员认为药剂可以杀死菜青虫的卵，有的学员认为不能，意见不统一，辅导员就让大家设计一个试验，验证药剂是否能杀死菜青虫卵。

目的：验证爱福丁 1 号乳油是否能杀死菜青虫卵，并教会学员怎样做研究。

材料：花盆、纱网、铁丝、喷雾器、量杯、吸管、爱福丁 1 号乳油 1 000倍液，有菜青卵的甘蓝苗 4 株。

时间：20 分钟。

步骤：

(1) 取带菜青虫卵的幼苗 4 株，栽在花盆中。

(2) 写好标签，标签上写明标签号，试验日期，试验名称，卵粒数，采集时间、地点。

(3) 其中 1～3 号盆用兑好的爱福丁药液，均匀喷在植株上，4 号盆不喷药，做对照。

(4) 用铁丝和纱布做成纱罩，罩在花盆上。

(5) 花盆放在院中，环境及管理接近田间，由班长派人负责管理，定时浇水，使其正常生长。

(6) 每组组长派人负责记录，记录打药后的 1、3、5 天菜青虫卵孵化情况。

注意事项：选甘蓝幼苗时，要去掉其他昆虫及卵，试验期间要保证甘蓝苗正常生长。菜青虫卵要有一定数量。

说明：下次上课时全体学员观察结果。

主题 3　田间示范药剂防治小菜蛾技术示范

目的：纠正学员在小菜蛾防治过程中不正确的操作技术，提高防治效果。

学员操作

材料：喷雾器、农药爱福丁乳油、灭幼脲、黏着剂各1瓶、水、量具。

步骤：

（1）试验设计：由辅导员和学员共同完成，选相邻的两畦甘蓝，一畦由学员自己喷施进行操作，另一畦由辅导员进行操作。

（2）在喷药前让学员分别在2畦中数虫，每小组选10棵苗，数小菜蛾的数量并记录。

辅导员和学员用同一喷雾器，选用当地常用药剂爱福丁、灭幼脲加黏着剂兑水配成药液，喷雾操作。下周培训一起观察防治效果，进行比较。

辅导员演示操作技术

3 本次内容总结和下次内容安排

（1）本次课程总结：本次培训的主要内容是昆虫基础知识，我们了解了西兰花的主要害虫，学习了其他的防治方法，并在田间进行了演示，下周观察哪个操作效果更好。

（2）下次课程安排：下次培训时间是 8 月 12 日，培训的主要内容是西兰花定植后到出花前的主要管理技术。并观察我们今天做的试验结果。

4 活动日体会

今天培训内容有所改变，根据学员在讨论中出现的分歧，增加了两药剂防治菜青虫卵和药剂防治小菜蛾田间操作技术演示性试验。今天培训的体会是，学员积极参与，认真调查，对各试验都表现了浓厚的兴趣。

专家点评：

（1）教会农民一些简单的试验以解决生产中的技术问题，非常好。

（2）田间的实操对比试验非常适合农民。

活动日 10
西兰花定植后到出花前主要管理技术

1　活动日计划

1.1　培训时间：2008 年 8 月 12 日。

1.2　培训地点：北京市延庆县旧县镇小柏老村。

1.3　参加培训的人员：辅导员谷培云、焦雪霞、国洋及小柏老村农民田间学校学员 36 人，共 39 人。

1.4　培训目标：让学员掌握西兰花定植后到出花前的管理技术。

1.5　培训方法：小组讨论、田间观察、游戏。

2　上次课程内容回顾

2.1　目的：通过对上次培训内容的回顾，让学员加深印象，提高记忆力。

2.2　材料：大白纸、白板。

2.3　步骤：

（1）由八喜组带领学员回顾上次课的培训内容。

（2）辅导员补充总结。

2.4　结论：

（1）学习了昆虫基础知识，认识了西兰花上的主要害虫，并掌握了防治技术。

（2）做了两个试验，药剂防治菜青虫卵和药剂防治小菜蛾田间操作技术示范。

主题1　西兰花定植后到出花前的栽培管理技术

目的： 让学员掌握西兰花在定植后到出花前的管理技术。

材料： 白纸、彩笔、尺子。

步骤：

（1）辅导员出讨论题目，西兰花在定植后到出花前的主要技术是什么，并写出具体内容。

（2）分小组进行讨论。

（3）各小组汇报讨论结果。

（4）由辅导员总结点评。

学员在田间释放天敌

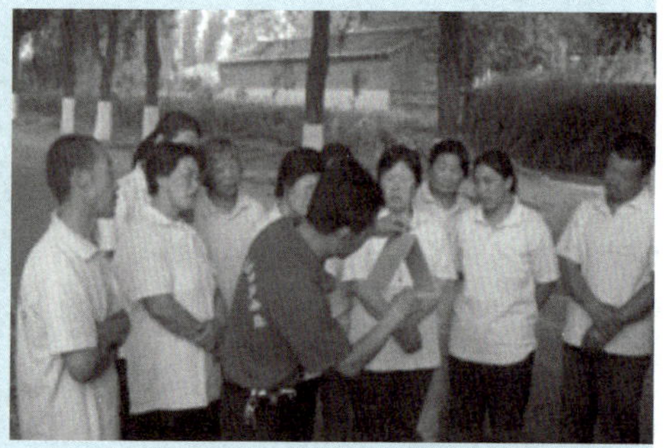

辅导员演示小菜蛾诱捕器制作方法

西兰花定植后至出花期间田间管理技术

技术	具体内容
中耕	浇水两次后进行中耕
治虫	害虫种类：吊丝虫（小菜蛾），菜青虫，蚜虫 用药名称：阿维菌素、吡虫啉、灭幼脲、爱福丁等高效低毒低残留的化学农药
追肥	方法：穴施 时间：定植后20天 种类：以尿素为主 数量：尿素20千克/亩
浇水	时间：定植后浇第一次，三天后浇第二次，以后视土壤墒情而定，一般7天一次

辅导员总结：

(1) 浇水。在定植后浇第一水，3 天后浇第二次水，以后根据土壤墒情浇水，一般 5～7 天一次，从第二水后中耕，以后每次浇水后都要进行中耕；施肥。全生育期共追肥 2 次，第一次追肥结合第三次浇水进行，夏茬第一次追尿素 15～25 千克/亩，不要使用碳铵，温度高，挥发快。第二次在现蕾时，每亩施高浓度复合肥 25 千克、尿素 10 千克。

(2) 病虫害防治。前面我们已经讲过西兰花上的主要病害是黑腐病，它是由细菌引起的病害，防治黑腐病要在发病初期选用可杀得、DT 或新植霉素等防治细菌性病害的药剂进行叶面喷撒，5～7 天 1 次，连续使用，另外还要防治害虫，减少害虫和人为造成的损伤，控制病菌的侵入，切断传播途径，减轻病害的发生。西兰花上的主要害虫是小菜蛾、菜青虫、蚜虫和甘蓝夜蛾，其中最主要的害虫是小菜蛾，在防治小菜蛾时可同时防治其他害虫，防治小菜蛾的主要技术有：①杀虫灯，在我们菜田周围已安装 4 盏。②小菜蛾性诱捕器，由一个诱芯、三脚架、铁丝组成，诱芯要挂在三脚架里面中央位置，在三脚架内侧涂上胶，当小菜蛾被引诱过来时粘到三脚架上杀死，1 亩地放 3 个诱捕器，每 2 个诱捕器之间相距 30 米。③释放赤眼蜂，寄生小菜蛾、菜青虫、甘蓝夜蛾的卵，也能控制田间害虫的数量，起到很好的防治效果。④选择高效低毒低残留的化学农药，但在用药剂防治时，一定要注意药液一定要喷洒均匀，特别是叶片背面一定要喷到，防治效果才好。

主题 2　农田生态系统观察

目的：观察试验田生态系统，总结分析，根据观察结果决定近期试验田农事活动。

材料：大白纸、彩笔、直尺、塑料袋、小玻璃瓶、捕虫网、剪刀、胶带。

步骤：

(1) 试验田和对照田生态系统分析，每小组分别在试验田和对照田观察农田生态系统，每小组在每块田调查10株绿菜花苗，记录10株幼苗上所有的害虫、天敌等，调查1平方米内所有的杂草及数量，观察土壤、环境等情况。

（2）全体学员由各小组组长组织到田间进行观察。

（3）分组讨论，画农田生态系统分析图。

（4）各小组选一名学员汇报各小组讨论结果。

（5）由辅导员点评总结。

西兰花田农田生态系统分析　日期：2008年8月12日　天气：晴		
生育期：营养生长期，株高25～30厘米　叶片数：10～15片叶		
	试验田	对照田
有利因素	土壤、环境适合	环境适中、地平
不利因素	杂草2棵/平方米 10株西兰花上有吊丝虫4头，有菜青虫卵5个	杂草10棵/平方米 10株西兰花上有菜青虫4头，吊丝虫8头，有菜青虫卵7个 土壤干
问题	有草，有虫，有虫卵，数量不多	有草，有虫，虫数量比较多
措施	继续观察3天后打药	浇水、打药、锄草

专家点评：

（1）用农田生态系统观察的方法将本次活动日的主题“西兰花在定植后到出花前栽培管理技术”结合起来很好，符合成人学习规律，有利于在农民发现问题的基础上获得新的知识和技能。

（2）辅导员如果在本次活动日的开始安排农田生态系统观察会更好。

主题3　药剂防治菜青虫卵试验结果观察

全体学员共同观察四个盆中的甘蓝，看看卵还有多少，菜青虫有多少，各小组负责观察记录的学员汇报记录结果。

学员观察药剂防治菜青卵试验结果

辅导员点评总结：观察试验结果后，我们看到了1～3号盆中菜青虫的卵都没有了，也没有幼虫，但4号对照盆中也没有菜青虫卵了，但卵都变成幼虫了，这说明爱福丁把1～3号盆中的菜青虫卵都杀死了，药剂可以杀死菜青虫卵，但我们这次只用了一种农药，不能说明其他药剂也能杀死菜青虫卵，以后，我们可以按照这个方法做试验，进行验证。

菜青虫卵孵化率记录表

盆号	药后1天卵孵化率（%）	药后3天卵孵化率（%）	药后5天卵孵化率（%）	药后7天卵孵化率（%）
1	0	0	0	0
2	0	0	0	0
3	0	0	0	0
4	23	78	100	

主题 4　药剂防治小菜蛾操作技术示范

学员在进行农田生态系统观察时，调查小菜蛾防治技术试验结果，每小组调查在打药前定的10株苗，数出10株苗上小菜蛾的数量，并记录，各小组组长汇报调查结果。

辅导员点评总结，辅导员把调查结果用大白纸展示给全体学员，并让学员思考，谁打的药防治的效果最好。想一想，用相同的农药、相同的浓度，用同一个喷雾器，为什么辅导员打药防治的效果要比学员自己打药防治效果好？

总结：原因一，小菜蛾卵主要产在叶背面，刚孵化出的1龄幼虫主要在叶背面取食叶肉，2龄后转移为害心叶，学员打药时只注重心叶中的害虫，而忽略了叶背面的幼虫，所以防治效果差；原因二，你们打药时喷头太低，有的学员在打药时，药液只喷到心叶上，而其他部位未着到药液，造成喷雾不均匀；打药时走得快，药液用量不够，防治效果差。正确的操作方法为，每7～10天防治1次，而学员是每3天1次，用药次数增加1倍，有的学员因防治效果差，加大用药量，用药量常是正常用量的2倍以上，还有的学员多种农药混在一起使用，不但降低了防治效果，还容易出现药害；二是，大量化学农药的使用，影响了农产品的质量，加大了对环境的污染；三是，造成了害虫对药剂的抗药性，由于长期大量使用化学农药，使害虫对化学农药产生了抗药性，增加了防治难度。

学员观察药剂防治小菜蛾试验结果

正确的操作方法，一是，选择一种高效低毒低残留的化学农药或生物农药，加上展着剂，按照要求配成药液；二是，在防治过程中，植株正面和背面均要喷洒均匀，用足够的药液量，不要重喷或漏喷；三是，在防治过程中，可以轮换用药，避免害虫产生抗药性。每7～10天防治一次。

药剂防治小菜蛾试验结果

	学员喷施的小区				辅导员喷施的小区			
	八喜组	喜乐组	迎新组	发财组	八喜组	喜乐组	迎新组	发财组
喷药前	16	18	17	21	15	18	15	21
喷药后	12	14	10	15	1	0	1	2

3　游戏：投球

游戏　投球

3.1　目的：怎样确定目标，才容易实现。

3.2　材料：塑料盆 3 个、乒乓球 3 个、白纸、笔。

3.3　时间：20 分钟。

3.4　步骤：

（1）把小盆放在 3 米处，5 米处，15 米处，学员在 3 米线处往塑料盆中投球。

（2）学员按组站好队，按顺序投球，投进 3 米处的盆中得 5 分，投进 5 米处的盆中得 10 分，投进 15 米处的得 15 分。每人只有 3 个球，然后计算每小组得分情况。

（3）由辅导员或学员在白板上记录各小组成绩。

（4）学员讨论，为什么越往高分盆中投球总分越少，往低分的盆中投球的总分反而高？

（5）由辅导员总结。辅导员让学员思考，通过这个游戏，大家有什么体会和收获。大家在生活和工作中都有自己的奋斗目标，根据自己的实际情况，实事求是地制定目标，才能更容易实现。

3.5　结论： 制定目标时不要一下子定得太高，目标定得太高不易实现，确定目标要根据当时的实际情况。

4　本次内容总结和下次内容安排

4.1　本次课程总结： 今天培训的主要内容是农民专题“西兰花定植后到出花前的栽培管理技术”、农田生态系统观察，并调查了上次培训时做的 2 个试验，游戏“投球”，通过今天的培训，让大家掌握西兰花定植后到出花前的栽培管理技术及西兰花主要害虫小菜蛾和菜青虫的防治技术，并通过游戏，让大家学会合理制订自己的学习目标。

4.2　下次培训内容： 下次培训时间是 8 月 19 日，培训的主要内容是请推广站的技术人员给大家讲西兰花测土配方施肥技术。

5　活动日体会

此次培训内容有所改变，增加了试验结果观察，因为试验全过程都要求学员参与，自己动手去做，自己观察，试验研究一定要有结果、有分析、有讨论。

专家点评：

（1）田间打药方法试验设计中，如果小区再大点，如果不同处理间能够有隔离区或者隔离措施，效果将更有说服力。

（2）本次游戏是如何确定目标和寓意，安排在这次活动日上显得与主题内容的联系有些勉强。

活动日 11
西兰花测土配方施肥技术

1　活动日计划

1.1　培训时间： 2008 年 8 月 19 日。

1.2　培训地点： 北京市延庆县旧县镇小柏老村。

1.3　参加培训的人员： 辅导员谷培云、焦雪霞、国洋，资源人张小青及小柏老村农民田间学校学员 39 人，共 43 人。

1.4　培训目标： 让学员掌握西兰花测土配方施肥技术，并学会制作昆虫园。

1.5　培训方法： 讲述、小组讨论、游戏。

2　上次课程内容回顾

2.1　目的： 通过对上次培训内容的回顾，让学员加深印象，提高记忆力。

2.2　材料： 大白纸、白板。

2.3　步骤：

（1）由迎新组带领学员回顾上次课的培训内容。

（2）辅导员补充总结。

2.4　结论： 上次培训的主要内容是农民专题“西兰花定植后到出花前的栽培管理技术”、农田生态系统观察，调查 2 个试验结果，并对结果进行了分析，游戏“投球”，通过游戏，让大家明白，根据自己的实际情况制订的目标，容易实现。

主题 1　测土配方施肥技术

（资源人：延庆县农业技术推广站张小青）

目的： 让学员了解测土配方施肥技术，在西兰花生产过程中要科学施肥。

资源人在讲测土配方施肥技术

材料：大白纸、彩笔、直尺。

步骤：

（1）辅导员介绍讨论的内容。

（2）学员分组讨论。

（3）学员汇报讨论结果。

（4）辅导员点评总结。

花椰菜的需肥特点与施肥技术：

需肥特点：花椰菜是十字花科芸薹属甘蓝种草本植物。根系强大，根群主要分布在30厘米的耕层内。花椰菜对土壤营养条件要求比较严格，以有机质丰富、pH为5.5～6.6、保水保肥能力强的砂壤土和壤土为最适土壤。土壤湿度要求达到70%～80%，空气相对湿度80%～90%最适宜。花椰菜的生育周期包括发芽期、幼苗期、莲座期、花球形成期与抽薹开花结果期。

花椰菜由于生长期长，对养分需求量大，需要量最多的是氮和钾，特别是叶簇生长旺盛时期需氮肥更多，花球形成期需磷比较多。据研究，花椰菜每生产1 000千克花球需氮约7.7～11千克，五氧化二磷2.1～3.2千克，氧化钾9.2～12千克。现蕾前，养分吸收少，现蕾后对养分的需求逐渐加大，至花球膨大期，对养分需要最多，吸收速度最快，因此在花芽分化和花球发育过程中，要保证磷、钾营养的充分供应。另外，花椰菜对硼、镁、钙、钼的需要量也较大，缺硼易引起花球内部开裂，花球出现褐色斑点，并带苦味。缺镁，老叶易变黄减低或丧失光合作用能力。因此在保证氮磷钾肥供应的基础上应适量施用硼、镁等微量元素。

施肥技术：花椰菜全生育期每亩施肥量为农家肥2 500～3 000千克（或商品有机肥350～400千克），氮肥（N）20～23千克、磷肥（P_2O_5）6～8千克、钾肥（K_2O）11～14千克，有机肥做基肥，氮、钾肥分基肥和三次追肥，施肥比例为2∶3∶3∶2，磷肥全部作基肥，化肥和农家肥（或商品有机肥）混合施用。建议施用“一特”配方肥。

基肥：每亩施用农家肥2 500～3 000千克或商品有机肥350～400千克，尿素6千克、磷酸二铵13～17千克、硫酸钾7～8千克、硼砂0.5千克。

追肥：莲座期亩施尿素10～11千克，硫酸钾5～6千克；花球形成初期亩施尿素 13～15 千克，硫酸钾 6～8 千克，花球形成中期亩施尿素 10～11 千克，硫酸钾 5～6 千克。

根外追肥：土壤缺硼可在花球形成初期和中期叶面喷施 0.1%～0.2%硼砂溶液，土壤缺镁可叶面喷施 0.2%～0.4%硫酸镁溶液 1～2 次。

花椰菜推荐施肥量

单位：千克/亩

推荐施肥量				
肥力等级	目标产量	纯氮	五氧化二磷	氧化钾
低肥力	1 500～2 000	22～25	7～10	13～16
中肥力	2 000～2 500	20～23	6～8	11～14
高肥力	2 500～3 000	18～21	5～7	10～12

花椰菜测土配方推荐卡

单位：千克/亩

基肥推荐方案				
肥力水平		低肥力	中肥力	高肥力
产量水平		1 500～2 000	2 000～2 500	2 500～3 000
有机肥	农家肥	3 000～3 500	2 500～3 000	2 000～2 500
	商品有机肥	400～450	350～400	300～350
氮肥	尿素	6～7	6	5～6
	硫铵	14～16	14	12～14
	碳铵	16～19	16	14～16
磷肥	磷酸二铵	15～22	13～17	11～15
钾肥	硫酸钾（50%）	8～10	7～8	6～7
	氯化钾（60%）	7～8	6～7	5～6

追肥推荐方案

单位：千克/亩

施肥时期	低肥力		中肥力		高肥力	
	尿素	硫酸钾	尿素	硫酸钾	尿素	硫酸钾
莲座期	11～12	5～7	10～11	5～6	9～10	4～5
花球初期	15～16	7～9	13～15	6～8	12～14	6～7
花球中期	11～12	5～7	10～11	5～6	9～10	4～5

主题2 昆虫园制作：观察菜青虫生活史

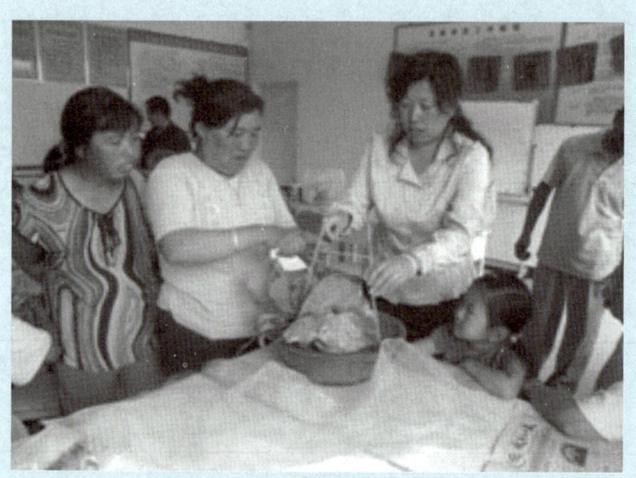

辅导员与学员制作昆虫园

目的： 观察菜青虫的生活史，了解菜青虫是以什么虫态为害作物的。

材料： 花盆、铁丝、纱网、上有菜青虫卵3～5粒的甘蓝苗一株。

步骤：

（1）把采来的有菜青虫卵的甘蓝幼苗栽在花盆中。

（2）把甘蓝苗上的其他昆虫或卵去掉，只留3～5粒菜青虫卵。

（3）在花盆上做铁丝支架，然后把纱网罩上，封严，避免菜青虫跑出。

（4）把做好的昆虫园放在室外，使其生活环境接近菜田的环境。

（5）由一名学员负责管理昆虫园，观察记录，每周向其他学员汇报一次观察结果，其他学员定期观察（每星期观察一次）。

昆虫园：菜青虫生活史

注意事项：

（1）材料简单，容易制作。

（2）变化明显，易观察。

（3）只有一种昆虫的卵。

（4）昆虫园的管理环境要尽可能接近田间。

（5）一定要有专人管理，按时浇水。

（6）每小组做一个昆虫园，学员自己选择，自己动手制作，自己管理，定期观察。

3 游戏：悄悄话传递

3.1 目的：提高对交际过程的了解，特别是有些信息如何被曲解，从而展示如何更有效的进行交流。

3.2 材料：笔、小纸条。

3.3 时间：20 分钟。

3.4 步骤：

（1）辅导员在纸上写下一条信息，不要超过 5 句话，且应该是使参与者感觉有趣的一件事情，句子最好不要按一定逻辑关系排列，应包括一些数字和有一定难度的问语。一张纸条上写的是：我家母猪下了 8 头小猪，我数了 3 遍都是 5 头母猪 3 头公猪；另一张纸条上写的是：我们一起去卖菜，你家甘蓝 3 毛 1，我家圆白菜 3 毛 8。

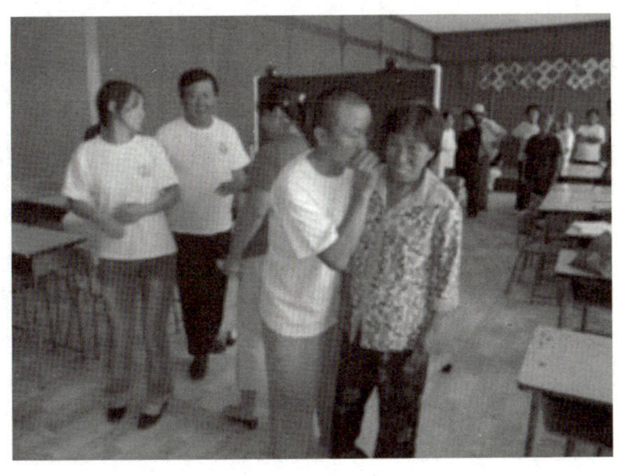

游戏：悄悄话传递

（2）参与学员按顺序排列，排列第一的学员离开其他成员与辅导员见面，辅导员把纸条上的信息给第一个学员看二遍。

（3）排列第一的学员返回并把所得信息耳语传给 2 号，2 号耳语传给 3 号，以此类推，直到最后一个得到信息为止。最后一个人把信息写在纸上。

（4）让学员回答这个游戏说明了什么，然后由辅导员点评总结。

（5）结论：辅导员把两个组的纸条贴到黑板上，结果与原话差别很大。辅导员告诉大家这个游戏的目的是为了让大家了解信息是如何被扭曲的，信息传递有效的方法就是直接。在以后我们从事农业生产的时候，不要盲目地听别人的，要自己分析，根据自己的实际情况判断需要采取哪种措施和应该做什么。

4　本次内容总结和下次内容安排

4.1　本次课程总结：今天培训的主要内容有三个，一是，由县农业技术推广站张小青老师给大家讲解农民专题“西兰花测土配方施肥”，以后我们可以根据西兰花需肥特点和土壤肥力情况进行施肥，避免了不必要的浪费，减少投入，并纠正了大家认为施肥越多产量越高的错误观念；二是，教大家学习制作昆虫园，通过这个昆虫园，让大家观察菜青虫是怎么为害的；三是游戏悄悄话传递，通过这个游戏告诉大家获得正确信息的方法是直接获得。

4.2　下次培训内容安排：下次培训时间是 8 月 26 日，培训内容是西兰花开花期栽培管理技术要点，并请县第六中学的老师讲解手工制作。

5　活动日体会

要根据不同培训内容聘请资源人，资源人最好利用农民田间学校辅导员或当地的专业技术人员，因为他们对当地农业生产情况比较了解，培训内容更有针对性；如果聘请高级专家，最好也采用参与式的培训方法。

专家点评：

（1）配方施肥对于农民来说很新鲜，如果能够帮助农民了解他们自己的土壤肥力并制定适合本村的施肥配方就更好了。

（2）最好在讲授主题结束后安排一些讨论。

活动日 12
西兰花开花期栽培管理技术要点

1　活动日计划

1.1　培训时间： 2008 年 8 月 26 日。

1.2　培训地点： 北京市延庆县旧县镇小柏老村。

1.3　参加培训的人员： 辅导员谷培云、焦雪霞、国洋，资源人田学敏、赵军增及小柏老村农民田间学校学员 39 人，共 44 人。

1.4　培训目标： 让学员掌握西兰花开花期栽培管理技术要点，并观察昆虫园中菜青虫的变化，学习花卉栽培技术和手工制作，丰富培训内容。

1.5　培训方法： 小组讨论、游戏、资源人、昆虫园。

2　上次课程内容回顾

2.1　目的： 通过对上次培训内容的回顾，让学员加深印象，提高记忆力。

2.2　材料： 大白纸、白板。

2.3　步骤：

（1）由八喜组带领学员回顾上次课的培训内容。

（2）辅导员补充总结。

2.4　总结： 上次培训的主要内容是，西兰花测土配方施肥，学会了科学施肥技术，我们每个小组都制作了昆虫园，通过观察菜青虫的变化，看看它是怎么为害的；做了一个游戏“悄悄话传递”，通过这个游戏告诉大家直接获得的信息才是最准确的。

主题 1　西兰花开花期栽培管理技术要点

目的： 让学员掌握西兰花开花期栽培管理技术要点。

材料：大白纸、彩笔、直尺。

步骤：

（1）辅导员把要讨论的题目交给学员，讨论题目是“西兰花开花期的主要管理措施，存在的问题及解决的方法”。

组名： 日期： 天气：		
西兰花开花期的主要管理措施	存在的问题	解决的方法

（2）小组按照辅导员给出的内容进行讨论。

（3）各小组汇报讨论结果。

（4）辅导员点评总结。

辅导员点评：辅导员把大家的讨论结果进行总结，总结出西兰花在开花期的主要管理技术有：

肥水管理：5～7天一次水，土壤要见干见湿；现花初期追肥，一般使用量20千克/亩碳铵，以后每采一次侧枝，追一次，数量视植株长势而定，追肥方法以冲施为主，因为此时西兰花已封垄，为减少人为造成的机械损伤，控制病害的发生，所以要采用随水追肥的方式。

病虫害防治：病害以黑腐病为主，其次还有角斑病、细菌性斑点病，均属于细菌性病害，防治时首先要减少植物的伤口，一个是人为的机械损伤，另一个是由于害虫为害造成的伤口，减少病菌的侵入，控制病害的发生；其次，可选用47%加瑞农可湿性粉剂400～600倍液，或58.3%可杀得2000干悬浮剂600～800倍液，或新植霉素、农用链霉素5 000倍液进行叶面喷雾，每7～10天1次，视病情，可防治1～3次。虫害主要有小菜蛾、菜青虫、甘蓝夜蛾等，防治方法：首先是要继续利用杀虫灯和小菜蛾性诱捕器诱杀害虫，但注意小菜蛾性诱捕器诱芯一定要保持在植株顶端10～15厘米处，防治效果最好；其次也可以选用药剂防治，可用1.8%阿维菌素浮油30～40毫升/亩，或苏云金杆菌（16 000国际单位/毫克）可湿性粉剂40～50毫克/亩，或0.5%印楝素乳油125～150毫升/亩，或乙基多杀菌素悬浮剂20毫升/亩进行叶面喷施。

其他：植株生长后期，容易缺少微量元素，主要是缺少硼和钼，缺少以上两种元素，容易引起菜花空秆和烂花，所以要使用含硼和钼的微肥，叶面喷施。

注意：田间植株封垄后，如果病害在 2 级以下，每株虫量不超过 1 头时可以不防治，尽量减少田间不必要的农事活动，避免造成植株伤口，减轻病害的发生。

主题 2　观察昆虫园

目的：观察菜青虫的变化。

步骤：

(1) 每小组观察自己的昆虫园，看看与上次有什么不同。

观察昆虫园

(2) 辅导员带领大家一起观察，同时进行讲解菜青虫不同虫态的特征。菜青虫已由卵孵化成幼虫，再仔细观察，比较这次与上次菜苗有没有被为害，叶片已经受害了，说明菜青虫卵是不能为害甘蓝的，只有幼虫才为害。

主题 3　花卉栽培管理技术

目的：为了美化生活环境，丰富培训内容，满足学员的需求，特请延庆县第六中学老师培训花卉栽培技术。

材料： 花盆、土壤、花。

花卉栽培技术

步骤：

（1）由辅导员介绍本次培训花卉栽培的目的，一是在开始做需求调研时，学员要求讲一些花卉栽培知识，学习花卉栽培技术后，可以栽种一些花，用来美化我们的生活环境，既让大家掌握了一门知识，又丰富了我们的培训内容。

（2）辅导员介绍培训教师，延庆县第六中学赵老师给大家讲解花卉栽培技术。

（3）由资源人讲解花卉栽培知识。

主题 4　手工制作

手工制作

目的： 满足学员的需求，丰富培训内容，特请延庆县第六中学老师培训手工制作。

材料： 布头、剪刀、直尺、针、线。

步骤：

（1）由辅导员介绍培训手工制作的目的，一是在开始做需求调研时，学员要求想学习手工制作，二是让大家掌握一门技能，丰富了我们的培训内容。

（2）辅导员介绍培训教师，延庆县第六中学田老师给大家讲解手工制作。

（3）由资源人带领大家制作手工作品。

3　游戏：集体画画

游戏：集体画画

3.1　目的： 提高学员对组内交流重要性的认识，提高学员的团结协作精神。

3.2　材料： 白板、水笔。

3.3　时间： 20 分钟。

3.4　步骤：

（1）辅导员把白板分成 4 份，每个小组占 1 份；

（2）各小组从组长开始，顺时针轮流在白板上画画，每人 1 分钟时间，相互之间不允许交流，直至各小组所有的人都参与绘画。

（3）全体学员对各小组之间的作品进行比较，小组内成员解释说明每个人试图画些什么。

（4）各小组讨论后，重复以上内容，通过对两次画图结果进行比较，让学员回答有什么启示。

（5）辅导员点评：这个游戏告诉大家，人多力量大，集体的智慧大于个人。无论做什么事，如果是有计划的、商量过的，就容易成功，如果各自为政是很难成功的。在病虫害防治中如果大家经过商量，有计划地进行，统防统治，效果会更好。

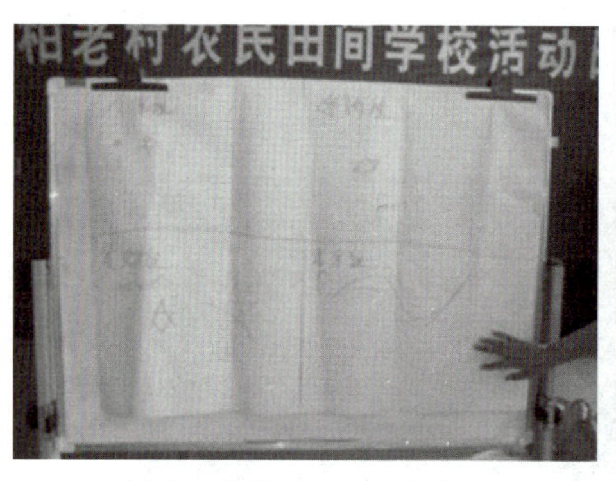

游戏：集体画画（讨论前）

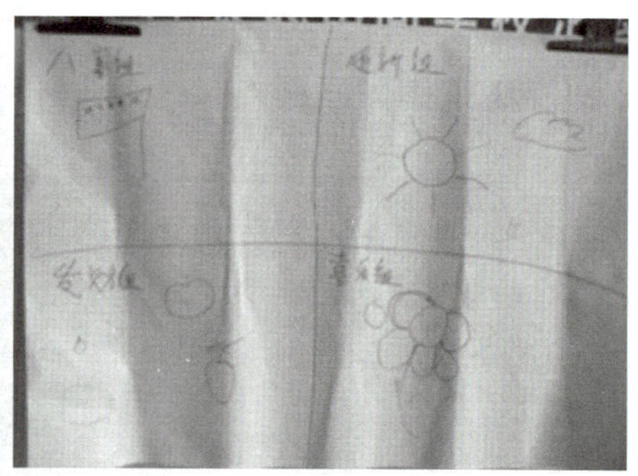

游戏：集体画画（讨论后）

4　本次内容总结和下次内容安排

4.1　本次培训内容总结：本次主要内容有：一是农民专题“西兰花开花期管理技术”，通过这个专题，让大家掌握西兰花在此时期的管理技术要点；二是我们今天请来了资源人，也就是延庆第六中学的赵老师和田老师，给我们培训了花卉栽培技术和手工制作，既让我们学到了新的知识和技术，又丰富了我们的培训内容；三是游戏，通过这个游戏，让大家明白团结就是力量。

4.2　下次课培训内容：下次课培训时间是 9 月 2 日，培训的主要内容是农民专题“科学使用农药”，让大家精准使用农药，给大家配一套农药精准使用量具，并演示其使用方法。

5　活动日体会

今天培训内容有所改变，根据学员的要求，增加了花卉栽培和手工制作，这两项培训内容的增加，使培训内容要丰富，提高了学员的学习兴趣。

专家点评：

（1）辅导员是农民田间学校的灵魂，本校辅导员具备足够的资源协调能力，能丰富培训内容，满足农民生活需求。

（2）手工制作的安排在辅导员做活动日记录的时候需要描述得更清楚些。

活动日 13 农药科学使用原理

1 活动日计划

1.1 培训时间：2008 年 9 月 2 日。

1.2 培训地点：北京市延庆县旧县镇小柏老村。

1.3 参加培训的人员：辅导员谷培云、焦雪霞、国洋，资源人陈旭及小柏老村农民田间学校学员 39 人，共 43 人。

1.4 培训目标：观察西兰花开花期农田生态系统，通过导管试验，让学员了解科学使用农药的重要性。

1.5 培训方法：讨论、讲授、演示、游戏。

2 上次课程内容回顾

2.1 目的：通过对上次培训内容的回顾，让学员加深印象，提高记忆力。

2.2 材料：大白纸、白板。

以小组为单位观察并进行农田生态系统分析

小组间交流农田生态系统分析结果

2.3　步骤：

（1）由喜乐组带领大家回顾上次培训课的主要内容。

（2）由辅导员点评总结，上次课培训的主要内容有农民专题“农药科学使用技术”，通过这个专题让大家了解了如何区别真假农药和农药在使用过程中应注意的事项。为了精准用药，给大家配了一套农药精准使用量具，并演示了使用方法。

主题 1　农田生态系统观察

目的：让学员了解近期农田生态系统变化，通过讨论分析，为下一步农田管理做决策。

材料：大白纸、直尺、彩笔、塑料袋、试管、胶带、壁纸刀。

辅导员点评

步骤：

（1）田间调查：辅导员简要介绍调查的内容和方法，每小组调查 1 点，每点查 10 株，记录病虫害发生情况，并调查 1 平方米内杂草数量，观察农田生态系统中的所有因素。

（2）以小组为单位分析讨论，绘制生态系统分析图。

（3）各小组汇报本小组讨论结果。

（4）辅导员进行点评总结。

辅导员点评　　日期：2008.9.2　　天气：晴			
生育期：开花期　　株高：55 厘米　　叶片数：14			
两圃田	有利因素	作物	不利因素
试验田	水肥适宜，有绒茧蜂、异色瓢虫、草蛉、七星瓢虫	西兰花	有黑腐病、杂草 10 株/平方米、小菜蛾 5 头/10 株、菜青虫 8 头/10 株，蚜虫 40 头/10 株，湿度过大
对照田	水肥适宜，异色瓢虫、七星瓢虫	不知因素：无	有黑腐病、杂草 20 株/平方米、小菜蛾 10 头/10 株、菜青虫 12 头/10 株，蚜虫 50 头/10 株，湿度过大
总结：水肥适宜，有绒茧蜂、异色瓢虫、草蛉、七星瓢虫等天敌，同时也有黑腐病、杂草、小菜蛾、菜青虫、蚜虫，湿度过大			
决策：保护天敌，利用天敌防治害虫，可用爱福丁防治害虫，及时中耕，降低土壤湿度			

主题 2　演示性试验：导管试验

导管试验中叶片

维管束变色导管试验

目的：让学员了解植物维管束的作用、农药使用对食品安全的影响，以使其在农业生产中科学合理使用农药，提高蔬菜品质。

材料：红墨水，玻璃杯，水，西兰花、甘蓝、番茄、黄瓜等植物叶片。

学员观察导管试验

步骤：

(1) 把水与红墨水以 2∶1 的比例配成红色液体放入玻璃杯中。

(2) 把植物叶片放入玻璃杯中，让叶片下部浸在红色液体中。

(3) 20 分钟后观察结果。

(4) 结论：叶片沿叶脉变成红色。

(5) 农民学员代表汇报本小组对油菜叶片导管试验结果的认识。

(6) 辅导员点评：使学员掌握内吸性农药的作用原理，农药会像红色墨水一样通过植物的根及自然孔口被植物吸收，内吸性农药还可以通过植物表皮渗透到植物体中，经过维管束传到植物的各部位。所以在农业生产中要减少化学农药的使用，要多采用生物和物理防治技术防治蔬菜病虫害。

主题 3　观察昆虫园

目的：观察菜青虫的变化。

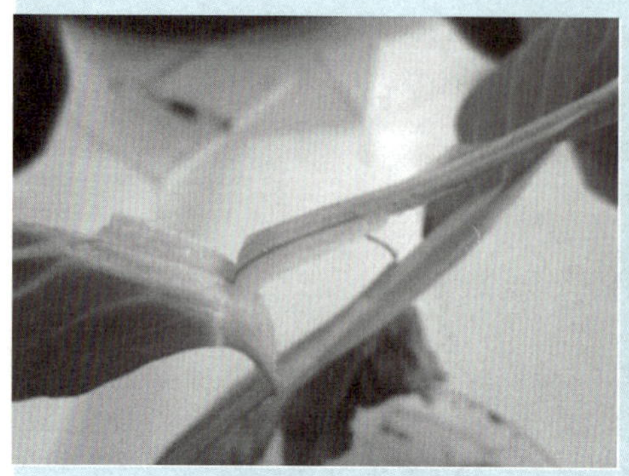
昆虫园中菜青虫化蛹

昆虫园中菜青虫羽化成虫

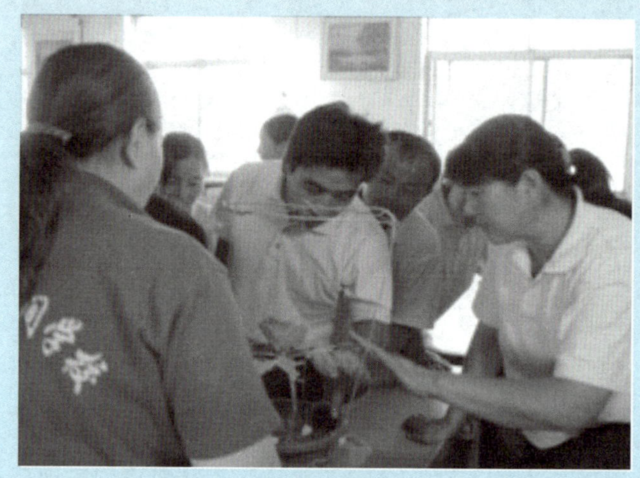
学员观察昆虫园

步骤：

(1) 每小组观察自己的昆虫园，看看与上次有什么不同。

(2) 辅导员带领大家一起观察，通过观察发现菜青虫蛹已经没有了，蛹已经羽化为成虫，同时也没有发现新的为害痕迹，说明菜青成虫也是不能为害甘蓝的。在观察的同时，辅导员讲解菜青虫成虫的特征，让学员认识菜青虫成虫。

(3) 辅导员总结：观察昆虫园，我们了解了菜青虫不同虫态的特征，菜青虫生活史分为卵、幼虫、蛹和成虫四个不同虫态，也是一个世代，通过观察我们知道，菜青虫四个虫态中只有幼虫才为害作物，结合我们做的试验“药剂防治菜青虫卵”所得的结果，所以在选用药剂防治菜青虫时，在卵高峰期防治，效果应该最好。

3　扭秧歌

学员学习扭秧歌

3.1　目的：丰富培训内容，活跃培训气氛。

3.2　资源人：延庆县第六中学老师陈旭。

4　本次内容总结和下次内容安排

4.1　本次培训的主要内容：本次课程通过导管试验，让大家明白科学使用农药的重要性；农田生态系统观察，通过田间观察、讨论分析，并进行总结，对试验田近期农事活动进行了决策；由延庆县第六中学的老师教大家学习了扭秧歌，活跃了培训气氛，也丰富了培训内容。

4.2　下次培训内容安排：下次培训时间是 9 月 9 日，培训的主要内容是计算机操作技术，培训地点是延庆县第六中学，需要乘车，大家不要迟到。

5　活动日体会

培训内容有改变，增加了扭秧歌，辅导员利用社会资源和各技术院校的师资，对学员进行培训。

专家点评：

（1）这次农田生态系统分析与主题内容安排得很好，体现了辅导员对成人学习规律和培训方法的理解和应用。

（2）农民对生态系统分析的练习有很大进步。

活动日 14
计算机操作技术

1 活动日计划

1.1 培训时间： 2008年9月9日。

1.2 培训地点： 北京市延庆县第六中学。

1.3 参加培训的人员： 辅导员谷培云、焦雪霞、国洋，资源人陈旭及小柏老村农民田间学校学员39人，共43人。

1.4 培训目标： 让学员了解计算机，并掌握简单的操作技术。

1.5 培训方法： 讲授、实操。

学员学习计算机

主题 计算机操作技术

培训内容：

(1) 认识计算机的组件，显示器、机箱、键盘、鼠标、电源。

(2) 学习怎样开机和关机。

(3) 电脑桌面上的内容和用途。

(4) 怎样上网，怎样用百度搜索自己想要的内容。

2 活动日体会

辅导员要有组织和协调能力，充分利用社会资源，丰富培训内容，调动学员的积极性。

专家点评：

（1）计算机培训是广大农民的迫切需要，田间学校辅导员能够克服条件不足的困难，想办法满足农民的需求，具有强烈的社会责任感！

（2）如果能够增加一些计算机操作技术及应用打字等方面的培训与讨论就更好了。

活动日 15 制作展板和培训效果评估

1　活动日计划

1.1　培训时间： 2008 年 9 月 16 日。

1.2　培训地点： 北京市延庆县旧县镇小柏老村。

1.3　参加培训的人员： 辅导员谷培云、焦雪霞、国洋及小柏老村农民田间学校学员 39 人，共 42 人。

1.4　培训目标： 总结小柏老农民田间学校培训内容，并对培训效果进行评估。

1.5　培训方法： 讨论、总结、问卷。

2　上次培训内容回顾

2.1　目的： 通过对上次培训内容的回顾，让学员加深印象，提高记忆力。

2.2　材料： 大白纸、白板。

2.3　步骤：

（1）发财组带领学员回顾上次培训内容。

（2）辅导员点评总结：上次培训的主要内容是：带领大家到延庆第六中学学习计算机，通过学习了解了计算机，并学习了简单的操作技术。

主题 1　制作展板

总结小柏老村农民田间学校培训内容： 共组织农民培训 15 次，其中农田生态系统分析 8 次，组织游戏 6 次，开展农民专题培训与讨论 11 次，试验研究 5 个，制作昆虫园 1 个，组织观摩 1 次。

学员制作展板

制作展板：喜乐组：农田生态系统分析，发财组：农民专题，迎新组：试验研究，八喜组：游戏和其他。

主题2 评选优秀学员和优秀学习小组

目的：对在培训过程中表现突出，积极参与的学员和小组进行表彰和鼓励，调动学员的积极性。

材料：奖品。

步骤：

（1）由辅导员介绍评选规则，每小组以推荐或不记名投票的方式选出3名优秀学员，辅导员投票权重为1/3。

（2）投票评选优秀学习小组，辅导员投票权重为1/2。

（3）辅导员公布优秀学员和优秀学习小组名单：优秀学员名单：闫书华，刘玉林，赵清珍，王义华，马永红，赵金仓，国学荣，杜金娥，夏文兴，王守禄，刘迎军，韩永旺。优秀学习小组：发财组。

主题 3　学员对培训效果进行评估打分

学员对培训效果满意度评估

学员对培训效果打分评估

目的：对培训效果进行评估，找出培训中的优点及不足，为以后更好地开办农民田间学校培训提供依据。

材料：彩纸、彩笔、评估表。

步骤：

（1）满意度评估：每个学员发一张彩色卡纸和彩笔，根据你对培训的满意度进行评估。

（2）评估采用画笑脸的方法，分为满意、一般、不满意。

（3）培训效果评估：每个学员发一张评估表，按照上面的内容进行打分，最高分为 5 分，最低分为 1 分。

（4）最后由辅导员进行统计。

（5）评估全过程采用不记名的方式进行。

（小柏老农民田间学校）**36 名学员农民对田间学校评估结果**

评估内容指标	分值（相应栏目打分）					
	1	2	3	4	5	弃权
解决实际问题情况				2	34	
时间安排				1	35	
内容安排				1	35	
兴趣程度				1	35	
总计				5	139	
平均人数				3%	97%	

主题 4　训后票箱测试

目的：了解学员通过培训，在哪方面有所提高以及提高的程度，在哪方面不足。验证培训效果、课程安排是否合理，为以后更好地开办农民田间学校提供丰富的实践经验。

材料：试题 20，纸板、纸盒、竹竿、红、黄、绿色纸条 25（纸条数量要超过学员数量），笔，菜田。

步骤：

（1）用训前测试题或难易程度与训前相近的考试题，把考试题打印在白纸上（A4 纸），每张纸一题，把打有考试题的白纸贴在纸板上，把纸板和纸盒固定在竹竿上。

（2）由辅导员介绍考试方法。以投票的方式进行考试，每一题只有一个是正确答案，把你认为正确答案相对应颜色的纸撕下写上自己的学号放入投票箱中。

（3）由辅导员介绍考试规则，考场设在菜田中，考试题插在菜田，两题之间相距 6 米，每道考题前不能多于一人。

（4）不要商量，由 1 号学员开始，按顺序参加考试。

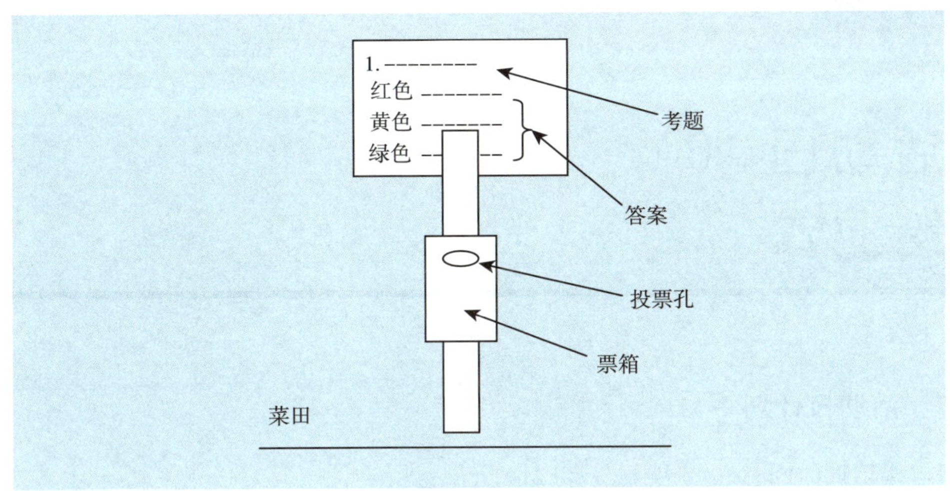

3 本次内容总结和下次内容安排

3.1 本次培训内容总结：今天主要是总结了我们这所农民田间学校的培训内容，并按照培训内容制作成了展板，在结业时给参加结业式的人进行汇报，选出了优秀学员和学习小组，并对培训效果进行了评估。

3.2 下次培训的主要内容：下次培训时间是 9 月 23 日，举行结业式。

4 活动日体会

学员参加农民田间学校培训后，能通过自己的画和写等特长，把所学到的知识和技术展示出来。

专家点评：

（1）通过双向评估了解农民田间学校系统培训后的效果，包括农民对知识和技能的掌握程度，学员对培训内容及培训组织的满意程度。相对传统培训来说，这是一个伟大的创举。

（2）农民对辅导员的培训和服务情况进行评估，这有利于提高辅导员的综合服务能力和责任意识，会大大提高服务效果。

活动日 16
结业式

1　活动日计划

1.1　培训时间： 2008 年 9 月 23 日。

1.2　培训地点： 北京市延庆县旧县镇小柏老村。

1.3　参加培训的人员： 辅导员谷培云、焦雪霞、国洋，延庆县种植业服务中心、县植保、旧县镇农服中心、小柏老村领导，小柏老村农民田间学校学员 39 人，非学员 10 人，共 55 人。

1.4　培训目标： 展示小柏老村农民田间学校培训效果，引起各级领导的重视，并向社会宣传农民田间学校。

1.5　培训方法： 汇报。

主题　培训效果展示

学员汇报培训成果

2 会议组织与参加单位、主办单位与参会者

主办单位：北京市农业局、延庆县农委。

技术支持单位：北京市植保站。

承办单位：延庆县种植业服务中心、延庆县植保站。

辅导员：谷培云、国洋、焦雪霞、延庆县植保站。

协办单位：延庆县旧县镇农发办。

时间：2008 年 9 月 23 日上午。

地点：延庆县旧县镇小柏老村。

参会单位及人员：（约 50 人）

延庆县种植业服务中心副主任董慧明；

旧县镇农发办主任王磊奇；

延庆县植保站副站长古燕翔；

小柏老村农民田间学校辅导员；

小柏老村书记王合青及农民学员；

新闻媒体。

结业式上领导讲话

对优秀学员进行表彰

3 会议时间与地点

报到时间：10：00。

会议时间：10：30—11：30。

会议地点：延庆县旧县树镇小柏老村村委会。

4 会议议程

主 持 人：延庆县植保站谷培云。

（1）介绍来宾。

（2）辅导员简介小柏老村农民田间学校。

（3）学员向领导汇报学习成果。

（4）小柏老村农民田间学校学员代表发言。

（5）小柏老村农民田间学校辅导员代表发言。

（6）延庆县植保站副站长古燕翔讲话。

（7）旧县镇农发办主任王磊奇讲话。

（8）小柏老村书记王合青讲话。

（9）延庆种植业服务中心董惠明总结发言。

（10）给优秀学员和优秀学习小组发奖，给学员发结业证书。

（11）领导与全体学员、辅导员合影。

领导与学员合影

专家点评：

（1）结业仪式做得很好，学员的学习总结汇报提高了农民学员的学习总结能力和语言表达能力，让领导们了解了我们一年的培训工作情况，激发了非学员的学习欲望，激发了学员的荣誉感和自豪感。

（2）通过媒体宣传，可以扩大田间学校的影响，让更多的消费者知道这个村、知道这个村的蔬菜情况，对农产品的销售会起到一定的促进作用。

延庆县小柏老村农民田间学校总结

1　小柏老村基本情况

小柏老村隶属于旧县镇，位于延庆县城东北约10公里，距旧县镇东南2公里，是延庆县蔬菜生产基地之一，全村共有112户400余人，以蔬菜种植作为主要收入来源的为80户，全村有100余人从事种植业，耕地面积1 000余亩，其中露地蔬菜种植面积450余亩，占耕地面积的45%，主要蔬菜种植种类为西兰花、生菜和杭椒，蔬菜种植成为农民经济收入的主要来源，年人均收入约5 000元，其中蔬菜种植收入占60%以上。农民具有丰富的蔬菜种植经验，但都是独立种植，在病虫害防治及栽培管理上只靠经验和盲目随从别人，偶尔有专业技术人员或专家到村讲课，但一般时间短，注重理论知识的传授，农民在生产中不能很好地运用。

2　田间学校组织与管理

2.1　成立田间学校建设项目领导小组

由延庆县种植业服务中心副主任董慧明任组长，科技科科长极艳萍和植保站站长高双泉任副组长，由延庆县植保站农民田间学校辅导员谷培云、焦雪霞、国洋、郭书臣、孙超、田学伟等具体实施此项工作。

2.2　构建技术支撑体系

为了更好地开办农民田间学校，解决农民生产生活中存在的实际问题，我们特聘请北京市植保站郑建秋副站长、北京市农科院植保环保所副研究员石宝才、李兴红为技术顾问，延庆县种植业服务中心副主任董惠明任组长，延庆县植保站副站长马永军为副组长，延庆县植保站高级农艺师谷培云、农艺师焦雪霞等专业技术人员为成员组成技术支撑体系。

3　具体工作开展情况

3.1　开展培训需求调研

3.1.1　调研方法与过程

（1）调研人员：延庆县植保站谷培云、焦雪霞、国洋。

（2）调研的内容：村庄基本情况，农业生产情况、人力资源情况、经济情况、生产投入产出、生产中存在的问题及技术需求等，对主要蔬菜种植种类的重要性及存在问题的重要性进行排序分析，问题的解决过程和方法及需求等。

（3）调研方法及使用的工具：采用座谈式、走访式和问卷式和头脑风暴的方式进行调研。

2008 年 6 月 6 日到小柏老村进行需求调研，采用座谈式、问卷式、季节历、头脑风暴等调研方法了解学员参加一年培训后掌握的知识和技术情况，在生产中的运用情况，在运用过程中存在的问题及对培训的内容需求，调研后整理学员提出的问题和需求，并进行排序分析。

3.1.2 调研结果及分析

经过调研，学员参加农民田间学校培训后，掌握了目标作物的栽培管理及植保技术，病虫害防治效果及蔬菜品质明显提高，农民投入减少，增加了收入；但本村农民除种植西兰花蔬菜外还有辣椒、甘蓝、土豆、番茄等其他蔬菜，经过调研，学员需要掌握其他蔬菜栽培管理和病虫害防治技术等知识，农药的科学使用、技能培训和计算机操作技术等。根据需求调研结果及对问题重要性排序，制定小柏老村 2008 年农民田间学校培训计划

3.2 活动日培训情况

小柏老村农民田间学校自 2008 年 6 月至 2008 年 9 月共组织调研与活动日 16 次，其中培训活动 14 次，组织农田生态系统观察 4 次，专题讲座 10 次，团队建设活动 7 次，演示性试验 3 次，实操试验 3 次，建立昆虫园 1 个，昆虫园观察 4 次，学习计算机操作技术、花卉栽培技术和扭秧歌 3 次，组织观摩 2 次。

通过农田生态系统的培训，让学员了解了农田生态系统的观察内容、掌握了观察方法，通过分析和交流，学会了更加全面、科学地做生产决策，避免了盲目地做生产决策，提高了学员的观察、分析、判断和表达能力。通过农民专题学习，提高了学员专业技术知识和技能，如，辣椒主要病虫害的识别和综合防治技术的学习，学员认识了许多病虫害、天敌及它们之间的关系，在生产中要保护和利用天敌进行综合防治，提高蔬菜品质；要科学使用农药，生产绿色食品，不科学使用农药会造成很多不良后果。学会了怎样区别真假种子和农药，避免了买假种子、农药，减少了损失。通过实操试验，让 些深奥的理论知识和复杂的问题可视化，简单化，让学员更容易接受，更快的理解和明白，并运用到农业生产中。团队建设的培训，在寓教于乐中

把知识传授给了农民，既活跃了课堂气氛，又让学员学到了知识和技能，提高了学员的创新性，改变了学员的传统思维模式。手工制作、跳大秧歌等技能的培训，拓宽了学员的知识面，开阔了视野，陶冶了情操，提高了学员的学习兴趣。

3.3 新型农民培养情况

（1）农民辅导员。学员闫书华连续两年参加农民田间学校的培训，并担任小柏老村农民田间学校的班长、副校长，是重点培养的农民辅导员之一，她在整个培训过程中，积极参与，配合辅导员完成各项培训工作，每次培训都认真记笔记，不懂就马上问，她每次都能主动帮助辅导员指导学员学习，把自己学到的知识和技能及时运用到生产中，并宣传和带动周围农民应用。

（2）优秀农民学员代表。学员阮冬青，连续两年参加农民田间学校培训，在培训中她能积极主动参与各项活动，并组织好自己的组员参加每次培训，帮助辅导员做好考勤，通过看书和培训，认识了多种害虫和天敌，并掌握了防治技术，她经常教周围的人认识害虫和天敌，提高了农民保护天敌的意识，减少了农药的使用次数。

学员刘宝山连续两期参加农民田间学校培训，并连续两年被评为优秀学员，他从来没旷课、迟到或早退，领悟力高，接受能力强，在农民田间学校培训过程中积极参与，发言积极主动，在培训中还帮助和指导其他学员学习，事事起模范作用。他在生产中运用在培训班学到的新技术、新产品，指导和帮助周围 30 多户农民采用科学管理技术，他的西兰花长势好于上年，比上年增产 20%，投入减少 25%，打药次数减少了 40%，病虫害防治效果由上年的 70%提高到 90%以上，蔬菜合格率达到 100%。

4 培训效果评估

4.1 票箱测试（BBT）结果分析

2008 年，小柏老村田间学校在培训前后各进行了 1 次 BBT 测试，每次 20 题，训后平均成绩为 89.5 分，比训前平均成绩 73.2 分提高了 22.3%。

4.2 科学生产技能提高

化学防治方法更加科学有效，识别病虫害准确率由 60%提高到 80%，采用杀虫灯、诱捕器和生物防治等综合防治技术防治病虫害的用户由 40%增加到 100%，生物农药使用率 80%，配制农药准确率由 20%提高到 80%以上，选择施药适期，精准施药率由 45%提高到 80%，小菜蛾防治技术正确率达 90%，严格按安全间隔期采收率由 80%提高到 100%。手工制作的培训，学员制作出各式各样精美的老虎枕头，把自己的业余时间点缀的更充实；秧歌舞让学员的身心得到锻炼，陶冶了情操，丰富了自己的业余生活，提高了生活质量。

4.3　农产品安全与生态意识显著增强

在培训过程中，利用实操试验，团队建设和农民专题等形式，使学员意识到了安全食品的重要性，在农业生产中大量化学品的投入不但影响蔬菜的品质，有害身体健康，还污染生态环境，不科学使用农药会发生人畜中毒的现象，学员了解了 IPM，生态意识显著增加。

4.4　小柏老村经济效益分析

经过培训，学员掌握了一些新技术、新知识和新技能，生产水平有了很大提高，在生产中采用科学管理技术进行生产，取得了很好的经济效益。从两圃田的投入产出情况看，试验田投入 2 080 元/亩，与对照田相比，减少 120 元/亩，减少 5.5%；试验田亩产量为 5 000 千克，比对照田增加 500 千克，增产 11.11%；试验田纯收入 0.792 万元/亩，比对照田增加 0.112 万元/亩，纯收入增加 16.47%（表 1）。

表 1　小柏老村农民田间学校两圃田投入产出情况

项目	投入（元）						亩产（千克）	收入（元）	
	劳动	农药	化肥	浇水	其他	合计		总收入	纯收入
综合防治田	1 000	80	800	50	150	2 080	5 000	10 000	7 920
常规田	1 000	100	900	50	150	2 200	4 500	9 000	6 800

4.5　整村推动辐射情况

通过农民田间学校的培训，学员学到了新知识、新技术和新理念，综合素质和各种能力都有不同程度的提高，学员闫书华说："现在种地不讲究科学是不行了，盲目地瞎种也不行了，要根据市场的需求来种，要有规律、种出自己的特色，同时还要保证高产优质。"在学员的带领和影响下，全村无论种多种少都运用了新技术进行生产管理，并把好的经验向外村迅速传播。

下篇：

养殖业农民田间学校活动日记录

昌平区流村镇农民田间学校活动日记录

学校名称：流村镇蛋鸡养殖农民田间学校。

时间：2007 年 9 月至 2008 年 12 月。

地点：昌平区流村镇。

主办单位：北京市畜牧兽医总站。

承办单位：昌平区畜牧技术推广站。

辅导员：王凤山。

助理辅导员：张士海、苗增章、韩国亮、白景隆、商艳琴。

田间学校前期准备

1 培训需求调研

2007 年 9 月初，为在昌平区流村镇开办一所畜牧行业农民田间学校，组织开展了对流村镇的相关需求调研，进行了农民田间学校开办的前期准备工作。

本次调研采取了查阅二手资料、入户访谈和小组访谈的形式。

1.1 流村镇的基本情况

流村镇位于昌平区西部，山地面积占 90%，平原仅占 10%，现有农户 4 809 户，常住人口 14 886 人，其中农村劳动力占 80%。该镇是农业大镇，畜牧业包括奶牛、生猪以及特色养殖产业散养蛋鸡等。畜牧业产值占农业产值 52%。2007 年农民人均收入 6 171 元。产业结构一产约占 80%，二产约占 10%，三产约占 10%。畜牧业以散养蛋鸡养殖为主，全镇存栏 8 万余只，年出栏柴鸡 8 万余只，收入 360 万元。生产柴鸡蛋 43.2 万千克，年收入 1 752万元。散养蛋鸡已经成为畜牧业中的主导产业。

入户前通过流村镇农办、动物卫生防疫站以及漆园村村委会、老峪沟村村委会了解了流村镇养鸡业发展的基本情况，获得了养鸡业从业人员存栏、饲养品种等基本情况，还掌握了养殖户的姓名住址以及联系方式。2007 年 9 月 15 日开始入户调查和访谈。

1.2 流村镇柴蛋鸡养殖情况

通过入户调查和小组访谈，被调查对象 16 人（7 女 9 男）涉及 9 个村，平均年龄 46 岁，高中以上文化程度占 19% ，平均饲养年限 2.5 年。大规模（2 000 只以上）5 户占 31%；中等规模（1 000～2 000 只）5 户占 31%；小规模（1 000 只以下）占 38%。

柴鸡产蛋率全年平均35%，最高50%，最低的休产。16个对象对培训感兴趣，存在的主要问题有：鸡不爱产蛋，鸡蛋不好销售，不会治疗疾病。对饲料方面的知识基本不了解。最想具备的能力是：鸡得了病自己就能治疗。

走访过程中对养殖环境及柴鸡的状态进行了观察，普遍存在羽毛脱落严重、寄生虫病、营养不良等问题。

发现养殖经验丰富的人员有：蔡秀花、王保林、张翠兰，组织能力最强的是邱瑞录，好学有潜力的有段金龙、李军红和王军。

养殖环境最好的是王军，环境条件比较差的是刘德会。

1.3 选择学员和确定培训场地

在选择田间学校学员方面，设定学员养殖规模要在1 000只以上，具有发展潜力的养殖户初期规模不少于200只，采取自愿报名的形式，共筛选出28名柴蛋鸡养殖直接生产人员作为流村镇蛋鸡养殖农民田间学校学员。

为创造田间学校培训的条件，并方便学员参加培训和开展参与式学习，经与流村镇政府农办协商，将镇政府二楼会议室和镇活动中心提供给田间学校作为培训场地，试验示范场确定在漆园村雅思金阳养殖合作社养殖场和老峪沟村农业合作社。

需求调查附件1：

流村镇家禽养殖（规模场）基本情况

序号	姓名	存栏（只）	品种	地址
1	刘宝	5 000	蛋鸡	黑寨
2	王海文	4 000	柴鸡	辛庄
3	贾永伟	4 000	三黄鸡	黑寨
4	蔡秀花	2 000	柴鸡	漆园
5	范孟启	10 000	种鸡	西峰山
6	王晓续	1 400	种鸡	辛庄
7	邱振禄	3 000	柴鸡	老榆沟
8	张乃学	900	柴鸡	上店
9	薛军恩	2 000	柴鸡	上店
10	薛军洪	1 000	柴鸡	上店
11	孟庆兵	3 000	肉鸡	上店

（续）

序号	姓名	存栏（只）	品种	地址
12	马建路	3 000	种鸡	西峰山
13	姚长润	1 500	柴鸡	黑寨
14	王爱林	400	柴鸡	古浆
15	时景海	2 000	蛋鸡	西峰山
16	杨奎江	2 000	柴鸡	小水浴
17	刘国	1 500	柴鸡	白羊城
18	林泉	1 650	柴鸡	白羊城
19	刘丙术	800	柴鸡	新村
20	张宏周	3 000	蛋鸡	黑寨
21	段金龙	1 500	柴鸡	漆原
22	丁长平	800	柴鸡	新村
23	阮为民	800	柴鸡	白羊城
24	郭东利	3 500	柴鸡	王家园
25	王军	600	柴鸡	白羊城
26	岳伟	1 000	柴鸡	西峰山
27	李德利	3 000	柴鸡	小水浴
28	贺德君	1 000	柴鸡	北照台
29	张春	1 000	柴鸡	白羊城
30	邱 侄	5 000	柴鸡	韩台子
31	王学祥	3 000	柴鸡	高口
合计		73 350		

资料来源：流村镇动物卫生防疫站。

需求调查附件 2：

柴鸡养殖现状调查表　　　年　　月　　日

姓名________　年龄________　性别________　人口________

电话________　学历________　家庭住址________

请根据您的实际情况在下列问题上填写信息或打钩：

1. 养鸡历史________　年　　养鸡数量________　只。

2. 养鸡是否是家庭主要经济来源？

A. 是　　　　　　B. 否

3. 2007 年进雏鸡________ 只，育雏结束后________ 只。

4. 您认为影响雏鸡死亡的环境因素是什么？

A. 温度　　B. 湿度　　C. 光照

5. 您饲养的雏鸡质量如何？

A. 好　　B. 一般　　C. 不好

6. 您是否参见过专业知识培训？

A. 是　　B. 否

7. 谁组织的培训？

A. 畜牧机关推广部门　　B. 公司

C. 畜牧院校

8. 培训的效果如何？

A. 满意　　B. 不满意

9. 养殖户之间探讨养殖技术对您的帮助如何？

A. 大　　B. 小　　C. 无

10. 您对养殖技术培训感兴趣吗？

A. 是　　B. 否

11. 您愿意挤出时间参加技术培训吗？

A. 愿意　　B. 不愿意

12. 您认为养殖技术对养鸡重要吗？

A. 重要　　B. 不重要

13. 您饲养的鸡开产日龄________天？

A. 120　　B. 140　　C. 180

14. 您饲养的鸡年平均产蛋达到几成________？

A. 五成以下　　B. 五成　　C. 五成以上

15. 影响蛋鸡产蛋率的主要因素？

A. 温度　　B. 光照　　C. 湿度

16. 您认为您饲养的鸡群还有提高产蛋水平的潜力吗？

A. 有　　B. 没有

17. 当鸡生病时您首先找谁？

A. 饲料、兽药或养鸡场技术员　　B. 兽医站兽医

C. 自己熟悉的养殖能手　　D. 自己

18. 您最相信谁的技术？

A. 饲料、兽药或养鸡场技术员　　B. 兽医站兽医
C. 自己熟悉的养殖能手　　D. 自己

19. 您认为消毒是否重要？
A. 是　　B. 否

20. 您对水槽、料槽和鸡舍地面________天消毒一次？

21. 您是否做过带鸡消毒？
A. 是　　B. 否

22. 在养殖技术方面您最关心哪方面的技术？
A. 疾病技术　　B. 饲养技术　　C. 管理技术

23. 您自己认为目前的饲养水平如何？
A. 高　　B. 一般　　C. 低

24. 请在下列表格适当的格内打钩。

疫病名称	懂得	不懂得	没有听说过
禽流感			
新城疫			
法氏囊炎			
传染性喉气管炎			
传染性支气管炎			
鸡痘			
马立克氏病			
大肠杆菌病			
鸡白痢			
鸡支原体病			
鸡球虫病			
鸡螨虫病			

• 您还熟悉哪些疾病：

25. 请对下列营养物质懂得划（__）；听说过但不懂划（√）；没有听说过划（×）

营养物质名称	懂得	不懂得	没有听说过
水			
碳水化合物			
蛋白质			
维生素 A			
维生素 E			
维生素 C			
钙			
锰			
硒			

您还熟悉哪些营养物质的作用：

____

26. 您解剖过死鸡吗？

A. 是　　B. 否

27. 法氏囊是否位于泄殖腔的上方？

A. 是　　B. 否

28. 您是否知道盲肠扁桃体？

A. 是　　B. 否

29. 您是否知道肾脏的位置？

A. 是　　B. 否

30. 您是否看过腺胃乳头？

A. 是　　B. 否

31. 您在饲养过程中对死鸡如何处理？

A. 深埋　　B. 喂狗　　C. 扔在附近

32. 鸡蛋的蛋清是蛋白质吗？

A. 是　　B. 否

33. 玉米主要是合成蛋白质的饲料吗？

A. 是　　B. 否

34. 您在今年饲养过程中是否发生过下列疾病吗？发生过划（√）未发生过划（×）

疾病名称	发生过	没发生过
新城疫		
法氏囊炎		
鸡痘		
大肠杆菌病		
鸡白痢		
鸡球虫病		

35. 请问您有何特长？请您在特长处打钩。

唱歌	绘画	书法	文秘	主持

其他特长：

利用上面问卷，辅导员及三名助理辅导员在流村镇动物卫生防疫站工作人员的带领下，前后用一个月的时间，对全镇刘福祥、沈玉林等柴鸡养殖户16户进行入户访谈。

需求调查附件3：

访谈基本情况

姓名	年龄	性别	学历	养殖历史	存栏（只）	住址	备注
郭东利	48	男	初中	3	2 500	白羊城	
李军红	33	男	高中	1	1 500	老榆沟	
薛秀琴	53	女	小学	2	360	白羊城	
沈长发	66	男	小学	3	3 000	老榆沟	
邱瑞录	50	男	初中	3	3 000	老榆沟	
蔡秀花	42	女	初中	1	2 000	漆园村	
谷淑琴	59	女	小学	1	100	白羊城	
刘德会	44	男	中学	3	400	王峪沟	
杨奎江	58	男	大专	3	1 000	小水浴	
刘长伶	38	女	初中	5	700	新建村	
段金龙	36	男	中技	2	1 000	漆园村	

（续）

姓名	年龄	性别	学历	养殖历史	存栏（只）	住址	备注
赵莲芝	46	女	初中	3	1 000	新建村	
李德连	57	女	初中	3	700	新建村	
张翠兰	35	女	初中	3	1 000	上店村	
王保林	34	男	中学	3	2 500	南流村	
王军	31	男	初中	4	500	白羊城	

需求调查附件 4：

流村镇柴鸡养殖农民田间学校学员基本情况

序号	姓 名	年龄	性别	文化	养殖数量（只）	备注
1	许永兵	23	男	高中	2 000	
2	贺德君	44	男	高中	1 000	
3	刘瑞敏	46	女	高中	200	
4	王兴顺	55	男	初中	4 000	
5	张永梅	33	女	初中	280	
6	郭东利	48	男	初中	2 500	
7	刑春莲	44	女	初中	260	
8	段连会	43	女	初中	200	
9	刘福玲	45	女	初中	300	
10	李军红	33	男	高中	1 500	
11	李 栋	25	男	中专	350	
12	王学祥	38	男	高中	1 500	
13	张树敏	44	女	初中	270	
14	王海文	42	男	中专	4 000	
15	薛秀琴	53	女	小学	360	
16	陈秀玲	45	女	初中	200	
17	沈长发	66	男	小学	3 000	
18	蔡淑清	53	女	初中	340	
19	付振宇	41	男	高中	2 000	
20	王爱林	45	男	高中	400	

（续）

序号	姓 名	年龄	性别	文化	养殖数量（只）	备注
21	王春荣	44	女	初中	300	
22	李 兵	20	男	初中	260	
23	邱瑞录	50	男	初中	3 000	
24	蔡玉宝	30	男	初中	300	
25	王利军	44	女	初中	250	
26	胡志艳	44	女	初中	260	
27	王晓续	43	男	中专	1 400	
28	蔡秀花	42	女	初中	2 000	

辅导员心得体会：

（1）培训前调研，主要采用入户访谈和小组访谈的方式，入户能够看到柴鸡养殖的真实情况，同时和农民交流过程中会对农民养殖技术掌握情况有个准确的判断。

（2）把调查的材料总结起来，能够发现目前存在的主要问题。

（3）实地走访后再确定学员、培训场所、试验示范场，这样比间接推荐效果更好。

专家点评：

（1）通过二手资料初步掌握产业发展情况是一个很好的选择，可初步确定行业主产业，为下一步的有针对性的深入调研奠定了良好基础。

（2）在入户调研生产现状的同时，了解了不同农户的差异和特长，做到心中有数，为学员的选择和后期的培训奠定基础。

（3）要明确学员选择要坚持有培训需求和自愿参加的原则。

（4）培训地点的确定首先要方便学员，有足够的空间和必要的办学条件。

（5）在农户调查过程中的一些体会也要反映出来。

（6）如果开展了小组访谈，应该对小组访谈提纲、小组访谈过程有些描述和反思。

2 票箱测试（BBT）

2.1 目的：

（1）了解学员专业知识掌握情况，发现资源人。

（2）作为培训效果考核的依据。

时间：2007 年 11 月 9 日（星期五）9：00—11：00。

2.2 步骤：

（1）题目准备（票箱测试（BBT）试题）：为选择题或辨识题，每题 3 个答案供选择，答案唯一，并用记号笔写在 A4 纸上，每个供选答案前面用不同颜色纸标识。

具体要求：

A. 与目标产业相关

B. 生产中的问题和必需的基础知识

C. 侧重技术和知识点，不是对文字理解的测试

D. 尽可能可视化（图像、实物）

E. 答案唯一性，不能出歧义，平等选择，差异要明显

F. 答案之间颜色差异要显著

题目样式：

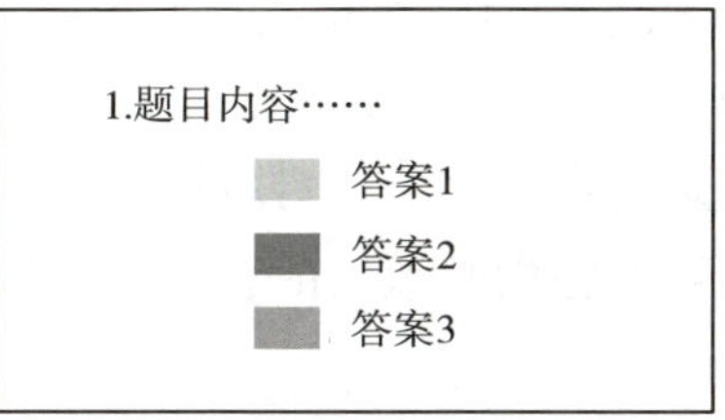

（2）答题卡制作：答题卡用彩色纸制作成条形，颜色与答案标识颜色一致，并将学员的学号写在每条答题卡上。

具体要求：

A. 答题卡颜色一定要与答案标识颜色完全一致

B. 学员每人一套答题卡

C. 每张答题卡都要写上学员自己的学号

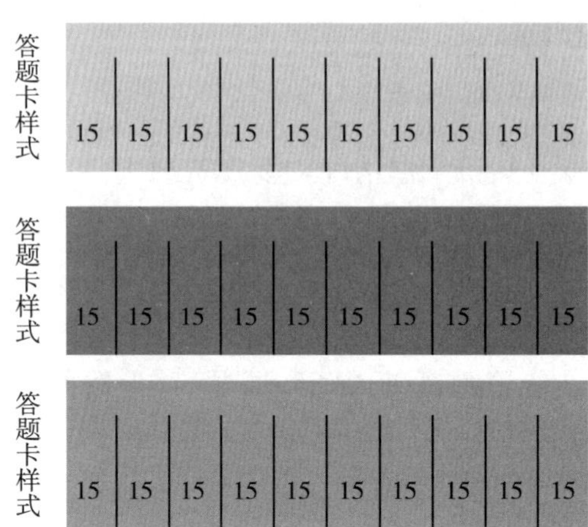

注：沿线剪开，不要剪断，答题时再根据需要撕下。以上三色为一套答题卡，制作时可根据情况一套同时制作，也可多套同时制作，分别标注学号。

（3）票箱制作：选取适度大小的纸盒，先制作成全封闭形状，然后在顶端开一投票口，大小适中，并将对应的题号标注在票箱上。

具体要求：

A. 可根据现有材料制作票箱，如纸杯、茶叶盒等。

B. 投票开口要大小适宜，方便投票。

C. 票箱标号要与题号一一对应。

（4）题目布置：将题目和票箱一一对应挂在高 1.5 米左右的墙壁上，既方便投票，又不容易看到票箱内其他人的答案。题与题间距 5 米左右。

具体要求：

A. 距离适当，不能影响其他票箱投票（5 米以上）。

B. 高度适度，以人正常站立方便为宜（1.5 米）。

C. 题目类型尽可能错开。

（5）实施阶段

A. 学员编号。

B. 答题纸编号与学员编号一致。

C. 独立完成答题（按编号或者特定顺序）。

D. 辅助人员 3～4 人，作为票箱辅助员。

E. 依次答题，前面人答完离开后，下一人才能答此题。

（6）结果分析：测试后对每名学员及综合答题情况进行分析，了解学员个人或全体对各知识点的掌握程度。

BBT 测试附件 1：柴鸡养殖农民田间学校 BBT 测试题

1）光照对于产蛋鸡的产蛋率？

A. 提高　　B. 降低　　C. 无作用

2）玉米的主要营养作用是？

A. 合成蛋白质　　B. 能量　　C. 合成维生素

3）柴鸡水槽的消毒次数？

A. 隔日一次　　B. 每周一次　　C. 每天一次

4）柴鸡料槽的长度要保证多少柴鸡同时采食？

A. 80%　　B. 50%　　C. 30%

5）柴鸡喜食饲料的形状？

A. 颗粒　　B. 粉末　　C. 粥样物

6）对雏鸡的成活率起关键作用的环境因素是？

A. 温度　　B. 湿度　　C. 光照

7）育雏期间给雏鸡的饮水？

A. 自由饮水　　B. 每天两次　　C. 每天三次

8）柴鸡断喙的目的？

A. 减少饲料浪费　　B. 预防啄癖　　C. 美观好看

9）在饲料中添加麸皮的数量？

A. 不受限制　　B. 不超过 30%　　C. 不超过 50%

10）鸡产软壳蛋可以补充？

A. 蛋壳　　B. 麦饭石　　C. 豆粕

11）育雏时雏鸡扎堆说明？

A. 温度过高　　B. 温度低　　C. 温度合适

12）产蛋鸡产蛋期间补充光照，开关灯时间？

A. 固定不变　　B. 随意　　C. 24 小时全开灯

13）对柴鸡为害最严重的寄生虫病是？

A. 球虫病　　B. 鸡虱子　　C. 组织滴虫病

14）对柴鸡给药，要按疗程服药，一般一个疗程多少天？

A. 4 天　　B. 2 天　　C. 10 天

15）柴鸡喜欢在沙子里打滚的原因？

A. 清洁体表　　B. 有寄生虫　　C. 不良的癖好

16）柴鸡免疫当天能否消毒？

A. 必须消毒　　B. 不能消毒　　C. 可消毒也可不消毒

17）病死鸡的处理？

A. 深埋消毒　　B. 扔掉　　C. 喂狗

18）被粪便污染的柴鸡蛋？

A. 用清水洗　　B. 用消毒药水洗　　C. 用温水洗

19）处理粪便最好的方法？

A. 堆肥发酵　　B. 不用收集　　C. 生蛆喂鸡

20）控制球虫病的关键？

A. 管理好粪便　　B. 饲料中加药　　C. 饲料营养全面

(7) 将试题转化成票箱测试试题（提前准备好）

BBT 测试附件 2：票箱测试（BBT）统计分析结果

对流村镇柴鸡养殖农民田间学校进行票箱测试，投票人数应为 28 人，实际投票为 27 人；投票总数应为 560 票，实际投票为 540 票；正确票数为 336 票，不正确票数为 204 票；投票正确率最高的学号是 28 号（蔡秀花），正确率为 90%；平均成绩为 62.7 分。从测试结果看，农民初步掌握散养蛋鸡养殖的一般技术。从分数分布的情况看，主要存在的问题有三个方面，排在第一位的是饲料营养方面的知识；其次是疫病预防控制和饲养管理（统计分析情况见学员票箱测试正确率统计表）。

学员票箱测试（BBT）正确率统计表

试　　题	正确票数	正确率	备注
1. 光照对于产蛋鸡的鸡产蛋率	26	93%	
2. 玉米的主要营养作用	6	21%	
3. 柴鸡水槽的消毒次数	19	68%	
4. 柴鸡料槽的长度要保证多少柴鸡同时采食	14	50%	
5. 柴鸡喜食饲料的形状	23	82%	
6. 对雏鸡的成活率起关键作用的环境因素	21	75%	
7. 育雏期间给雏鸡的饮水	21	75%	

（续）

试　　题	正确票数	正确率	备注
8. 柴鸡断喙的目的	2	7%	
9. 在饲料中添加麸皮的数量	19	69%	
10. 鸡产软壳蛋可以补充	15	53%	
11. 育雏时雏鸡扎堆说明	22	78%	
12. 产蛋鸡产蛋期间补充光照开关灯时间	19	67%	
13. 对柴鸡为害最严重的寄生虫病是	15	53%	
14. 对柴鸡给药要按疗程服药，一般一个疗程多少天	14	50%	
15. 柴鸡喜欢在沙子里打滚的原因	18	64%	
16. 柴鸡免疫当天能否消毒	15	53%	
17. 病死鸡的处理	25	89%	
18. 被粪便污染的柴鸡蛋	13	46%	
19. 处理粪便最好的方法	26	92%	
20. 控制球虫病的关键	23	82%	

学员票箱测试（BBT）正确率统计柱状图

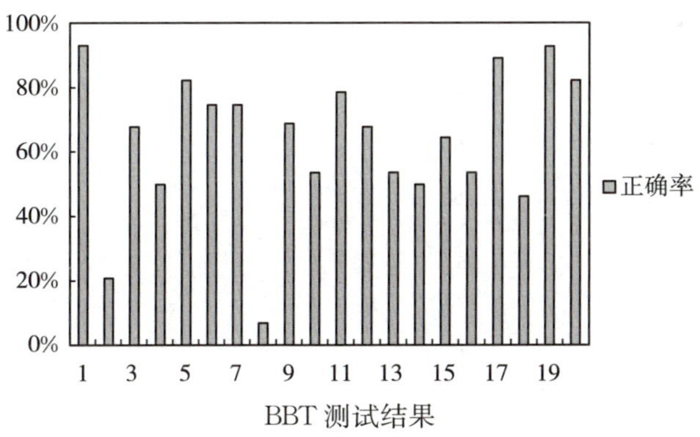

学员票箱测试（BBT）正确率统计表

成绩单及资源人：

序号	姓名	成绩	资源人	特长
1	许永兵	55		
2	贺德君	70	√	挑选不产蛋鸡

（续）

序号	姓名	成绩	资源人	特长
3	刘瑞敏	75		
4	王兴顺	50	√	蛔虫病、雏鸡饲养管理
5	张永梅	45		
6	贺艳丽	55		
7	刑春莲	55		
8	段连会	55		
9	刘福玲	50		
10	路全香	55		
11	李 栋	80		
12	夏联胜	55		
13	张树敏	80		
14	王海文	85	√	饲料营养及配合、育雏技术
15	刘福琴	55		
16	陈秀玲	60		
17	祝建丽	45		
18	蔡淑清	60		
19	付振宇	80	√	育雏技术、栖息架制作技术
20	朱建清	55		
21	王春荣	65		
22	李 兵	50		
23	段连合	80		
24	蔡玉宝	60		
25	王利军	60		
26	胡志艳	45		
27	王晓续	85	√	消毒技术、产蛋箱制作
28	蔡秀花	90	√	产蛋鸡光照管理
29	平均成绩	62.68		

注：①成绩反映的是学员对知识或技能的综合掌握水平。在选择资源人时，要综合考虑此人对某方面知识的掌握程度，特别是在生产中的应用效果，同时要具备一定的语言表达能力。与成绩单对照，资源人的成绩可能不是最高的，但在某方面能力应该是最好的。

②BBT 测试结果可作为培训制订计划的依据之一。

辅导员心得体会：

（1）组织农民进行BBT测试试题要全面，力求涵盖该行业与生产实践相关的重要知识点，本次活动出题面比较全面、比较广，但是对于整个技术来说还不系统，重点不突出，例如缺乏衡量生产水平的试题。

（2）出题时考虑到简洁准确，结果用数字作答，该类试题占到30%，实践操作过程中发现农民对于数字准确表达还把握不好，大概的意思知道，但作答比较困难。

（3）农民希望知道正确的答案，统计结果出来后，要向农民解答正确答案，出现的问题要做简要的解释说明，农民非常关心也能参与讨论。

（4）资源人的筛选。从错题最多的试题中选择答题正确的人，然后进一步与之交流，了解对该技术知识掌握的情况，筛选出能够作为此项技术内容资源人的学员。注意得分最高的人有时也不一定就是资源人。

（5）进行票箱测试时，要把题号和票箱号标记一致，答题卡与学员标记一致，否则投完票之后就找不到对应的题目，无法进行统计而导致票箱测试失败。

（6）一所学校（或一个学期）至少需要进行两次票箱测试，开学之初和培训结束各一次。两次的题目力求一致，第一次票箱测试侧重掌握学员现有的知识和技能水平；第二次重点是检验培训效果，了解学员对培训知识和技能的掌握情况。因此，第一次题目要求通俗易懂，第二次则用专业术语，知识点要求更准确。

专家点评：

（1）BBT测试是一种适合农民的一种考试方式，目的是检验学员现有的知识水平。这种测试不用写字，可以减轻学员的心理压力。一般情况下第一次BBT测试安排在开学前进行，既了解了学员现有知识水平，又为合理进行课程设计提供了参考，一举两得。

（2）辅导员在开展票箱测试之前，要将票箱测试的步骤、方法以及注意事项向学员讲清楚。

3 问题排序

3.1 问题收集与土观排序

目的：找出柴鸡养殖中存在的主要问题，培养学员发现问题、分析问题的能力，并逐步参与到学习中。

时间：2007 年 11 月 16 日（星期五）9：00—10：00。

地点：流村镇政府二楼会议室。

方法步骤：

（1）每个学员提出一个最急需解决的技术问题，写到卡片上。

（2）将每个人的卡片收集起来，和农民一起进行归类。

（3）通过分类总结，学员共提出了 12 个需要解决的技术问题。

（4）将每个问题旁边放一个“投票箱”（封闭的纸杯），每个人发 12 个玉米粒作为“选票”，每个人依次对 12 个问题根据自己的需求投票。

（5）对每个问题的得票进行统计，排列出农民最急需解决的问题。

排序结果：前 5 位需要解决的问题分别是：产蛋率低；啄癖；饲料配合方法；冬季产蛋鸡的管理和挑选不产蛋鸡的方法。

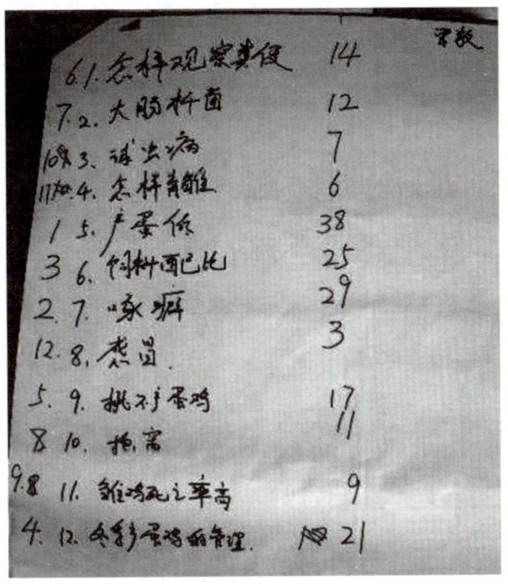

3.2 问题的客观排序

目的：分析柴鸡业现状，找出农民的真实需求。

时间：2007 年 11 月 16 日（星期五）10：00—11：30。

地点：流村镇政府二楼会议室。

方法步骤：

（1）根据主观排序的结果，结合柴鸡养殖雏鸡、育成鸡和成年鸡三个生理阶段，同农民一起确定了 7 个原因和 6 个结果，书写到大白纸上，制作成投票表格。

（2）将学员分成两组，第一小组组长王爱林负责 10 人，辅导员王凤山指导。第二组组长蔡秀花负责 8 人，助理辅导员韩国亮指导。

（3）向学员介绍投票的方法，分为横向和纵向两个方向来投票。辅导员在每一轮投票结束后，再发起第二次投票（玉米粒）。横向投票 6 次，纵向投票 7 次，每个人共投票 13 次。

（4）小组汇报小组投票结果。

（5）辅导员对投票结果进行总结，并对得出的结论进行核实。

第一组投票结果

结果＼原因	趴窝	球虫病	啄肛	冬季饲养管理	育雏	大肠杆菌	饲料搭配	统计结果
产蛋率低	26 / 54	1 / 16	10 / 12	3 / 24	1 / 0	2 / 19	26 / 28	153
死亡率高	0 / 6	17 / 27	21 / 48	2 / 11	11 / 15	19 / 6	0 / 0	113

（续）

结果＼原因	趴窝	球虫病	啄肛	冬季饲养管理	育雏	大肠杆菌	饲料搭配	统计结果
生长发育不良	0 / 0	1 / 15	0 / 0	11 / 6	21 / 20	5 / 20	32 / 32	93
兽药用量大	0 / 0	12 / 1	0 / 0	0 / 0	27 / 5	27 / 0	0 / 0	6
抗病力差	0 / 6	1 / 1	0 / 0	4 / 17	27 / 20	4 / 13	34 / 0	57
蛋的品质差	0 / 0	0 / 6	0 / 0	0 / 2	0 / 0	0 / 2	70 / 0	10
统计结果	26	32	31	20	87	57	162	

第二组投票结果

结果＼原因	趴窝	球虫病	啄肛	冬季饲养管理	育雏	大肠杆菌	饲料搭配	统计结果
产蛋率低	14 / 34	6 / 20	4 / 8	7 / 21	8 / 4	7 / 8	10 / 19	114
死亡率高	0 / 1	21 / 15	8 / 27	3 / 1	12 / 16	18 / 19	0 / 0	79
生长发育不良	3 / 13	11 / 6	3 / 12	9 / 15	9 / 17	6 / 8	15 / 14	85
兽药用量大	0 / 0	0 / 3	0 / 0	0 / 1	0 / 8	0 / 3	0 / 0	15
抗病力差	1 / 9	9 / 15	3 / 7	11 / 10	14 / 9	5 / 8	13 / 9	67
蛋的品质差	4 / 3	11 / 1	0 / 0	16 / 7	4 / 0	8 / 8	19 / 13	32
统计结果	22	58	18	46	47	44	57	

辅导员对投票结果的分析：

（1）柴鸡养殖业现状：产蛋率低，死亡率高。第一位的问题是产蛋率低，两组相同，引起产蛋率低的原因与饲料有关，第一组是第一位的，第二组是第二位，但第二组和第一组仅差一票（57 和 58 票），说明大家投票的结果是客观准确的。第二位的问题是死亡率高和生长发育不良，生长发育不良和死亡率高票数基本持平，学员一致认为第二位的问题应该是死亡率高。

（2）需要培训的前 5 位内容：饲料配合、育雏技术、球虫病预防、大肠杆菌和产蛋期饲养管理。排序查找出来的问题有两类：第一类农民没有基础，属于全新的领域，饲料配合就是该类问题。饲料方面的知识专业性强农民接触较少，每天都要配合饲料，农民急需要掌握这方面的知识，也想得到专业技术人员的技术支持。第二类农民有一定基础，育雏技术、球虫病、大肠杆菌和产蛋期管理四个问题，农民从事生产实践，积累了一定的经验，可以通过经验分享、示范、案例分析等方法进行补充和完善，使之逐渐系统化、科学化。

辅导员心得体会：

（1）集思广益收集农民的问题。每个人限定一个最想解决的问题，切记写问题时不能彼此间讨论，才能全面客观真实地反映农民的需求。另外，写问题前可就行业大的方向性问题进行提示，如饲养管理、疫病控制、饲料等，使学员不至于紧张了什么也想不起来。

（2）问题排序是寻找主要问题比较简便实用的一种方法。实施时要和农民一起对收集上来的问题进行归类，意见一致后再进行投票排序。因此，收集问题时限定每个人一个问题，便于归纳和分类。投票向大家解释清楚不要受他人影响，保持独立，按自己的想法投票。

（3）客观排序不但能总结出柴鸡养殖业的现状，还能找出造成该问题的原因。因为投票大家都参与了意见，得出的结论比较客观让人信服，是分析问题、统一思想的方法。

（4）该结论和畜牧业技术人员对行业的认识相吻合，说明结论反映了实际情况。

4 制定农民田间学校培训课程表

目的： 确定田间学校培训的主体内容。

方法： 辅导员与学员讨论

步骤：

（1）制定课程表依据。

1）根据入户访谈掌握的情况，结合农民进行的问题主观排序和客观排序结果，围绕产蛋率低死亡率高这两个核心问题。

2）以柴鸡养殖周期为主线，自雏鸡、育成鸡到成年鸡涵盖整个养殖周期。

3）根据季节变化安排四季饲养管理措施。

（2）搜集问题时将经过主观排序前几位的问题纳入到课程表。

（3）对饲养管理、疫病防治等方面中的关键性问题，征求农民的意见后列入到课程表。

（4）制订培训计划要经过和农民讨论的过程，课程表能够集中体现大多数人的意见和建议。

（5）培训内容确定后，培训时间只是一个范围，根据实际情况进行调整，该学校制定的课程表的时间是培训后加上去的，最初制定课程表只是一个范围，但是培训的顺序确定后基本没有变化。

培训的主要内容：

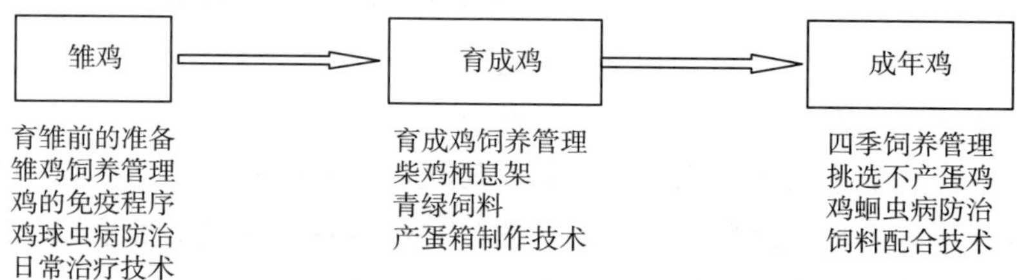

流村镇柴鸡养殖农民田间学校课程计划

序号	时间	生理阶段	目的	活动日培训内容	方法
1	2007年12月26日（星期三）9：00—11：30	全程	饲料配合技术	1. 原粮的主要营养成分 2. 了解各种常用原粮的配合比例 3. 了解目前自己配合饲料存在的主要问题 4. 蛋黄与饲料的关系	图片集模拟讲授
2	2008年3月28日（星期五）9：00—11：30	成年鸡	提高产蛋率	1. 介绍参与式培训法 2. 据不产蛋鸡临床表现用“翻肛法”挑选不产蛋鸡	讲解 小组讨论 实际操作

（续）

序号	时间	生理阶段	目的	活动日培训内容	方法
3	2008年4月15日 （星期二） 9：00—11：30	雏鸡	降低死亡率	1. 育雏前的准备工作 2. 观摩鸡舍 3. 免疫程序	小组讨论 观摩
4	2008年4月25日 （星期五） 9：00—11：30	雏鸡	降低育雏死亡率	1. 雏鸡饲养管理 2. 专题讨论降低细菌感染的措施	小组讨论 经验分享 现场观摩
5	2008年5月16日 （星期五） 9：00—11：30	雏鸡	降低雏鸡死亡率	1. 球虫病流行特点 2. 球虫病的临床症状及早期诊断 3. 球虫病的防治措施	图片集模拟演示 小组讨论
6	2008年6月4日 （星期三） 9：00—11：30	全程	1. 提高产蛋率 2. 提高鸡蛋质量	1. 了解青绿饲料的主要作用 2. 掌握可以作为饲料的绿色植物种类、存储的方法等 3. 交流补饲青绿饲料的方式和方法 4. 鸡蛋的营养成分	讲授 经验共享 图片集模拟 讲授
7	2008年6月20日 （星期五） 9：00—11：30	育成鸡	1. 提高育成鸡成活率 2. 预防发育不良	1. 学习育成鸡饲养管理 2. 栖息架	经验分享 图片集模拟
8	2008年7月11日 （星期五） 9：00—11：30	成年鸡	提高产蛋率	1. 补充光照技术 2. 产蛋箱的制作技术	讲授 经验分享 图片集模拟
19	2008年7月30日 （星期三） 9：00—11：30	成年鸡	1. 提高产蛋率 2. 提高成活率	1. 蛔虫的生活史及其影响因素 2. 蛔虫病的诊断及其防治	图片集模拟 讲授 小组讨论
10	2008年8月15日 （星期五） 9：00—11：30	成年鸡	1. 提高产蛋率 2. 提高成活率	1. 产蛋鸡春季饲养管理技术 2. 成年鸡夏季管理技术	小组讨论 讲授 图片集模拟
11	2008年9月10日 （星期三） 9：00—11：30	成年鸡	1. 提高产蛋率 2. 提高成活率	1. 产蛋鸡秋季饲养管理技术 2. 成年鸡冬季管理技术	小组讨论 讲授 图片集模拟

（续）

序号	时间	生理阶段	目的	活动日培训内容	方法
12	2008 年 11 月 10 日（星期一）9：00—11：30	成年鸡	1. 提高产蛋率 2. 提高成活率	1. 根据柴鸡品种特点购买雏鸡 2. 鸡的用药特点 3. 鸡的主要给药方法	小组讨论 图片集模拟
13	2008 年 12 月 10 日（星期三）9：00—11：30		1. 提高成活率 2. 检查办学效果	1. 常用的给药方法 2. PPT 测试 3. 结业	图片集模拟 票箱测试

专家点评：

（1）培训计划要反映农民需求。学员确定后，要组织学员一起制订培训计划，确定课程表，这样就能把农民个人的需求变成群体的需求。

（2）BBT 测试、针对学员开展问题收集是一个培训需求再调研的过程，也是参与式课程设计的过程，目的是使培训内容更贴近学员的生产实际。与学员一起设计培训内容，可更好地调动学员参加培训的积极性。

（3）以学员的需求为核心，辅导员按照养殖周期与学员一起进行系统化梳理，达成共识，这样形成的课程表针对性强，学员也容易接受，为下一步调动学员积极参与，更好地组织活动奠定了基础。

（4）建议在正式培训开始前，制订出学习约定，为今后的培训管理奠定基础。

活动日 1
散养蛋鸡饲料配合技术

辅导员：王凤山、张士海、韩国亮。

时间：2007 年 12 月 26 日（星期三）9：00—11：30。

地点：流村镇小会议室。

主题 1　主要原料的营养及其作用

目的：

（1）了解玉米、豆粕等主要成分的作用。

（2）了解饲料配合各种成分大致的比率。

方法： 讲授。

材料： 大白纸、白板、白板笔等。

步骤：

（1）玉米营养作用：玉米一般含有 70%的无氮浸出物，几乎全部为淀粉，粗纤维低于 2%，消化率达到 90%。玉米蛋白质含量低约为 8%，而且品质差，60%的蛋白质难溶于水。玉米中维生素含量不足，黄色玉米中含有部分维生素，但是维生素 D 的含量明显不足，白色玉米几乎不含有维生素，玉米中胡萝卜素含量低，如果胡萝卜素含量高则鸡的卵黄、脚、嘴尖、皮肤等处发黄。另外玉米中的叶黄素一类物质玉米黄脂，比胡萝卜素更易导致卵和皮肤发黄。

玉米脂肪较多含有 4%，主要是油酸和亚油酸等不饱和脂肪酸，所以玉米粉碎后储存时间过长，容易变质发苦，还会破坏胡萝卜素和维生素 E，所以夏季粉碎的玉米饲喂时间要在 7～10 天以内喂完。

玉米用量：通常玉米用量在60%，玉米含量太高时，身体过肥容易损害生殖机能，引起鸡产蛋减少甚至休产。

(2) 豆粕营养作用：豆粕是蛋白类饲料，含蛋白质约41%。补充蛋白质还可以用棉粕和菜籽粕；动物类如鱼粉、肉骨粉等。蛋白类饲料尽量用豆粕，添加棉粕和菜粕会影响鸡蛋的口感，大剂量或质量较差的棉粕还会导致生产“橡皮蛋”和“黑心蛋”。

(3) 麸皮营养作用：麸皮是能量类饲料，富含各种维生素和矿物质，但是粗纤维含量高，消化率低，通常情况下饲料中麸皮的给量不宜超过20%。另外，麸皮添加过多容易造成寄生虫病的发生，例如蛔虫病会因麸皮含量高而加重。

(4) 散养蛋鸡饲料配合比例：柴鸡养殖户饲喂原粮及其副产品有：玉米、麸皮、豆粕（或黄豆）、小麦和高粱等，部分农户饲喂面包虫和苍蝇的幼虫。

①母鸡饲料配方：玉米68%，豆粕20%，麸皮10%，磷酸氢钙1.3%，食盐、维生素、蛋氨酸、赖氨酸等0.7%。

②公鸡饲料配方：玉米64.7%、豆粕15%、麸皮20%、食盐0.3%。

(5) 配合饲料注意的问题：

①90%的农户主要饲喂玉米和麸皮混合的饲料，玉米占80%，其他用20%左右的麸皮及青绿饲料补充。最大的问题是缺少豆粕等蛋白饲料，因为鸡蛋的主要成分是蛋白质，饲料中没有蛋白类饲料肯定鸡不会多产蛋。

②玉米用得太多的时候，达到80%甚至更高容易让鸡产生脂肪而变胖，肥胖的鸡也不产蛋。

③麸皮含有粗纤维，如果饲料中的麸皮超过了20%甚至更多时，会影响其他饲料的消化率，要控制在20%以内。

④要选用优质的饲料原料，玉米以黄红色最佳，金黄色次之，籽粒饱满，无霉变；豆粕要求黄色，豆皮含量少，颗粒大小适中，太细的鸡不喜欢采食。麸皮无杂质，存储时间不能过长，板结污黑的麸皮不能用。

⑤配合饲料成分比例不准确。最初配料时进行称量，时间久了不进行称量凭借经验来取原料，致使饲料营养忽高忽低，影响了鸡的产蛋性

能的发挥。

⑥用黄豆代替豆粕时要把黄豆炒熟最好；用小麦作饲料时要粉碎并且要加小麦酶。

辅导员心得体会：

（1）讲授的过程中要结合柴鸡养殖生产实际，尤其常用的饲料原料如玉米、麸皮等看着很平常，普普通通，能讲出科学的道理，才能让大家信服，这些知识学员不但喜欢听而且还能会用。这也是第一个正式的培训活动，得到大家的认可和信任非常关键。

（2）讲授的内容不但要让农民能听得懂学得会，还要注意活动日培训内容的数量。现在农民都非常忙，他们想学习知识，可时间有限容易有急躁情绪。因此，培训内容和信息量要大一些，这样他们觉得一次就能学到很多东西。

主题 2　蛋黄颜色与饲料的关系

目的：

（1）了解市场需要什么样的柴鸡蛋和柴鸡肉。

（2）了解影响鸡蛋蛋黄颜色的主要因素。

方法：小组讨论、示范、图片展示等。

材料：大白纸、白板、白板笔、普通鸡蛋 5 枚、柴鸡蛋枚。

步骤：

（1）小组讨论题目 1：市场认可的柴鸡蛋和柴鸡肉是什么样的?

（2）小组讨论题目 1 的结果总结及辅导员点评。

1）绝大多数客户喜欢黄色或深黄色的蛋黄并且蛋黄要稠，蛋白要少而且黏稠。他们认为深红色的鸡蛋是人为添加色素的结果。

2）部分客户喜欢深红色的蛋黄，认为是柴鸡蛋应该有的颜色，深黄色的不是好的柴鸡蛋。

3）客户普遍不喜欢稍黄发白的蛋黄，尤其伴随蛋大且蛋清稀的鸡蛋，一致认为是鸡场笼养鸡的鸡蛋，不是柴鸡蛋。

4）柴鸡肉以鸡宰杀后，腹腔有深黄色脂肪、腿黄、皮肤黄者为最佳。认为白色皮肤，腹部脂肪为白色或浅黄色的鸡不是柴鸡。

（3）小组讨论题目2：影响蛋黄颜色的因素有哪些？

（4）小组讨论题目2总结。

1）青绿饲料饲喂多少最合适，以饲喂倭瓜为最好。

2）玉米中的玉米黄脂是影响鸡蛋蛋黄颜色最主要的因素。以红黄透亮的玉米最佳，其次黄色玉米，不宜饲喂白色玉米。

3）饲料中添加色素如食品添加剂加力黄、加力红、红辣椒粉、虾皮等。禁止添加苏丹红等矿物质原料。

辅导员心得体会：

（1）设计一些可以示范的内容，用实物——鸡蛋现场讲解，能充分调动大家的积极性，也为比较枯燥的讲授活跃了气氛。

（2）适当组织一些讨论内容，如果大家不是很习惯发言，可以进行必要的提示，结合现实生活用通俗易懂的语言，尽可能促进大家的交流，逐渐引入参与式的教学模式。

专家点评：

（1）在介绍饲料原料及其质量时，最好通过展示不同质量的原料，通过对比，使学员比较清晰地看到什么样的是质量好的，什么样的质量比较差，便于理解和掌握。

（2）让学员通过分析自己饲喂的鸡饲料，分析判断并检测鸡蛋蛋黄的颜色，来感受饲料原料与蛋黄颜色的关系。

（3）如果农民学员是首次进行小组讨论，在主题2安排小组讨论时，应该首先介绍小组讨论工作步骤，然后再布置小组讨论题目。

活动日 2 挑选不产蛋鸡

辅导员：王凤山、苗增璋、韩国亮。

时间：2008 年 3 月 28 日（星期五）9：00—11：30。

地点：流村镇漆园村雅思金阳养殖合作社。

主题 1　结合柴鸡养殖介绍田间学校培训方法

目的：了解田间学校教学方法，明白培训时如何做。

方法：讲授、示范、小组讨论。

材料：白板、白板笔、大白纸等、10 只成年母鸡（3 只不产蛋）。

步骤：

（1）上次活动内容回顾（从略）。

（2）用扑克牌分组，将学员分成三个小组。

（3）辅导员讲解田间学校培训特点，重点讲解与传统培训的区别，明确学员在培训中应该做什么和如何做。首先辅导员介绍了农民田间学校的办学模式、特点、目的和意义。主要采用参与式、启发式、互动式的教育模式来激发农民学员的学习热情。在培训班上辅导员通过总结概括成三个字“想、说、干”，围绕柴鸡养殖行业开展了讲解，最终达到提高农民综合素质的能力。

（4）用参与式方法学习挑选不产蛋鸡。

首先，观察鸡的外观，讨论不产蛋鸡的外貌特征。

通过大家讨论、归纳后发现不产蛋鸡有如下表现：

1）鸡脸发白。鸡冠子萎缩，肉垂萎缩、蔫。

2）炸窝鸡。

3）太肥鸡。脊背是平的，走路墩墩的，羽毛光亮，不爱动，能吃能喝等。

4）太瘦。身体发柴，体型瘦小，羽毛发干，毛长，体质弱。

5）换毛。换翅膀的长毛（十根主翼羽）。

6）有病。发蔫，不爱吃食，远离鸡群，老合眼，耷拉翅膀。

7）老鸡。鸡腿发白发黑（鳞片），爪子挠着。

8）跟公鸡瞎跑，带着小鸡的母鸡和打鸣的鸡。

其次，交流识别不产蛋鸡的技术和方法。

农民现在已经掌握如下几种方法：眼观法；测量耻骨间距“几指裆”。

主题 2　介绍目前科学识别不产蛋鸡的方法

介绍目前科学识别不产蛋鸡方法，讲解并实操“翻肛法”。翻肛的方法：用右手抓住柴鸡大腿根部，稍加力使腹内压增大，左手拇指从鸡的腹部往上顶，使腹内压进一步增大。然后，左手拇指和其余四指成“八”字形，放置在鸡的肛门处，分别向外侧用力。如果能够轻易翻开泄殖腔，并且能够见到两个开口，一个是泄殖腔开口，另一个是输卵管开口，证明该鸡能产蛋；如果不能翻开说明不产蛋。注意：翻肛鉴别要求动作要轻，必须掌握翻肛的动作要领，它是熟练工种，需要长期反复的练习。

辅导员心得体会：

介绍田间学校活动方式方法以及特点时要围绕柴鸡养殖业的实际来介绍，避免了单纯的说教，这样大家能够感兴趣。如介绍启发式、互动式和参与式时就结合了柴鸡养殖技术。

(1)“启发式”从“想”开始——我们养鸡为什么？→为了赚钱→靠什么赚？→鸡赚的→如何靠鸡赚钱？→把鸡养好→鸡所处的环境好不好？→……我们为鸡应该做点什么？→……启发农民对养鸡这件事情进行思考。

（2）“互动式”就是让学员“说”——朴实的农民很多时候在学习的过程中不善言语，为了更好地调动农民的学习热情，在说的环节鼓励学员大胆的站起来进行自我介绍，消除他们的怯场心理，让他们在放松之后，将在养鸡过程中好的经验和存在的问题讲出来。在说的环节，要找到共同感兴趣的话题，现场的气氛便会一下子活跃起来。当提到啥样鸡不下蛋时，每个人都有话说，好几个养殖户争相发言，将平时的经验一一拿出来讲解。通过对学员发言材料进行归纳总结，不产蛋鸡的表现从各个方面就被描述出来了。

（3）“参与式”就是用脑思考并落实到行动“干”，加入到发现问题、分析问题和解决问题中来。此次培训班重点让学员体会田间学校的学习方法，用“如何识别不下蛋的鸡”来做示范。小组讨论不产蛋鸡的表现，把学员识别不产蛋鸡的方法进行总结，然后辅导员讲授科学识别不产蛋鸡的方法。先讲授然后示范，而后由学员自己实际操作练习，辅导员手把手的教学员。许多学员对培训的方法和内容非常满意，很多人表示以前一直对挑鸡含糊，不敢确定卖哪只鸡，现在好了，掌握了挑选不产蛋鸡的方法，不至于把产蛋鸡给卖了，回去后就把自己家的挑一遍。

（4）要以农民的需求为导向，抓住了调研时发现的第一个主要问题“产蛋率低”这个问题，就激发起了学员的学习兴趣，潜移默化地吸引学员加入到了田间学校的培训活动中来。

活动日 3
育雏前期准备与免疫程序

辅导员：王凤山、张士海、韩国亮。

时间：2008 年 4 月 15 日（星期二）9：00—11：30。

地点：流村镇漆园村雅思金阳养殖合作社。

主题 1　育雏前需要做的准备工作

目的： 做育雏前准备工作，提高雏鸡成活率。

方法： 小组讨论、观摩、图片集模拟。

材料： 大白纸、白板、白板笔、育雏舍、“育雏图片集”。

步骤：

（1）上期内容回顾（从略）。

（2）小组讨论育雏需要做哪些准备。

（3）三个小组讨论结果：

1）保暖措施：一般采取火炕保暖的形式，它相对火炉来说比较经济，周围的木柴很充分，而且火炕比较保温，昼夜温差不大，这对于雏鸡很重要。而火炉不易控制，温差较大。要准备温度计，监测并保持鸡舍一定温度。

2）垫料：稻草、玉米秸、沙子等，可以防止雏鸡着寒。

3）通风斗：防止鸡舍空气污浊和煤气中毒。

4）隔离网：将雏鸡按一定数量隔离饲养，便于整体采食，避免拥挤，采食不均。往墙角多放一些垫料，形成一定坡度，可预防温度过低时雏鸡拥挤造成伤亡。

5）消毒药：高锰酸钾、火碱、消毒王、过氧乙酸等。

6）葡萄糖和白开水。

7）设施工具：水、料槽，剪刀，喷雾器等。

8）饲养前，要做一个经济预算，明确成本、投入和风险。投入成本平均约 25 元/只，其中主要包括：材料、设施、消毒用具、药品、取暖、疫苗、人工等。

（4）辅导员点评：

1）垫料：最好铺三层，第一层是稻草、锯末或者玉米秸；第二层是硬纸板；第三层是报纸。这样就可以避免垫料发霉，燃烧，粪便潮湿和小鸡采食垫料的问题。报纸要及时更换。整体厚度为 4～5 厘米即可。

2）消毒：病从口入。水槽要每天消毒一次，方法：用消毒液冲洗后，再用清水仔细冲洗一遍，然后晒干。料槽要三天消毒一次，料盘要每天消毒一次，方法同清洗水槽。粪便要及时清理，堆积发酵。人进出鸡舍时要换鞋。要定期喷雾对鸡舍消毒。熏蒸要在空舍时进行，先要封闭鸡舍，用高锰酸钾加甲醛，不能少于 24 小时，24 毫升/立方米，消毒后要及时通风。

3）最适进雏时间是：柴蛋鸡一般 130～140 天左右产蛋，鸡蛋好卖的时间是春节至“五一”阶段，不好卖的时间是“五一”到“十一”。因此，进雏应在 4 月之前，要提前和孵化场预订。

4）饲养柴鸡在准备设备和用具的同时，还要考虑经济能力，基础设施原则是实用，不可投入太多，应该准备充足的备用金。

（5）现场观摩：实地考察育雏舍现场，对小组讨论总结的内容进行重点强调，加强学员的认识，并能使学员留下深刻的印象。

辅导员心得体会：

（1）引起学员重视准备工作是关键，很多人认为准备不重要，学员会轻视准备工作。讨论的时间不宜太长，20 分钟就结束，然后每个组汇报，这样大家的注意力比较集中。时间太短了大家会应付，时间长于 30 分钟大家会认为是在浪费时间。

（2）点评时要到位，对容易忽略但又很关键的信息，要点出并说到位。如进雏鸡的时间，决定了开始产蛋时间，产蛋时间决定了经济效益

(通常好卖的时候没有多少鸡蛋，鸡蛋不好卖了赶上了产蛋高峰)。又如，鸡舍面积决定饲养数量，密度大了会造成死亡率升高等。

(3) 观摩前要把所有的问题解决，反复强调，这样观摩时的解释说明就会引起大家足够的重视。如果没有前期的准备，培训效果会大打折扣。

主题 2　柴鸡免疫程序

目的：免疫是控制疫病的关键，能提高鸡的成活率。

方法：小组讨论、讲授。

材料：大白纸、白板、白板笔等。

步骤：

(1) 小组讨论目前柴鸡免疫都有哪些疫病，免疫的时间和方法。

(2) 辅导员对汇报的内容进行点评。

1) 新城疫的免疫：

首免：7～10 日龄。方法：滴鼻或点眼时每 100 羽份疫苗免疫 90 只鸡。也可饮水免疫，免疫加量 50%，分两次供给在 2 小时内饮完。

二免：20 日龄。饮水免疫，剂量加量一倍，新城疫Ⅳ系 。

三免：60 日龄。方法：饮水免疫，剂量加量 1 倍，新城疫Ⅳ系 。

四免：120 日龄左右。方法：肌肉注射，剂量 0.5 毫升，油乳剂。

五免：200 日龄左右。新城疫Ⅳ系，饮水，加量 1 倍。

备注：其他时间的免疫根据防疫部门检测抗体水平情况确定。

2) 传染性支气管炎免疫：

首免：5 日龄。饮水免疫，加量 50%，传支 H120。

备注：可以用新城疫和传染性支气管炎的二联苗饮水免疫。

二免：20 日龄。饮水免疫，加量 1 倍，传支 H120。

备注：可以用新城疫和传染性支气管炎的二联苗饮水免疫。

三免：60 日龄。饮水免疫，加量 1 倍，传支 H52。

3) 传染性喉气管炎免疫：

首免：30 日龄。饮水免疫，加量 50%。

注意：在没有发生过传染性喉气管炎的村可以不免疫。另外，传染性喉气管炎疫苗的毒副作用强，免疫当天鸡会表现流泪或轻微的呼吸道症状，所以免疫时要掌握用疫苗的剂量。

二免：70日龄。饮水免疫，加量50%。

4）鸡痘免疫：

首免：30日龄。翼膜刺种。

注意：免疫7天后检查被刺中的部位，看是否有结痂，没有说明免疫失败，必须重新免疫。另外，每500羽疫苗兑水8毫升。

二免：120日龄。二免，翼膜刺种。

5）法氏囊炎免疫：

首免：14日龄。饮水免疫，加量50%。

注意：法氏囊炎疫苗毒副作用比较强，要注意剂量。

二免：24日龄。饮水免疫，加量50%。

注意：法氏囊炎疫苗毒副作用比较强，要注意剂量。

6）禽流感免疫：

首免：10日龄。皮下注射0.3毫升。

二免：30日龄。皮下注射0.3毫升。

三免：120日龄。肌肉注射，0.5毫升。

以后每4个月免疫一次，或按当地防疫部门强制免疫执行。

（3）案例：流村镇王学祥家柴鸡免疫程序

流村镇柴鸡免疫程序（王学祥）

日期	日龄	免疫疫病	免疫方法	剂量	备注
4月1日	1日龄	马立克氏病	皮下注射	0.3毫升	孵化场
4月5日	5日龄	新城疫+传支H120	饮水免疫	加倍量	空水3小时
4月10日	10日龄	禽流感	皮下注射	0.3毫升	颈部皮下
4月14日	14日龄	法氏囊炎	饮水免疫	加量50%	空水3小时
4月16日	16日龄	新城疫+传支H120	饮水免疫	加倍量	空水2小时
4月24日	24日龄	法氏囊炎	饮水免疫	加量50%	空水3小时
4月30日	30日龄	鸡痘	刺种	加倍量	翼膜刺种
		禽流感	皮下注射	0.3毫升	颈部皮下

（续）

日期	日龄	免疫疫病	免疫方法	剂量	备注
5月20日	50日龄	新城疫+传支H52	饮水免疫	加倍量	空水3小时
7月29日	120日龄	新城疫+减蛋综合征	肌肉注射	0.5毫升	胸部肌肉
		禽流感	肌肉注射	0.5毫升	腿部肌肉
9月27日	180日龄	新城疫Ⅳ系	饮水免疫	加倍量	空水2小时

备注：新城疫根据抗体检测水平确定免疫时间。禽流感根据防疫站强制免疫。

（4）小组讨论时间不宜过长，学员知道自己都做了那些免疫、大概的时间即可，侧重点还是在讲解，用通俗易懂的语言描述能够看得见的临床表现，使学员加深印象。

辅导员心得体会：

（1）专业性强的知识在讲解时要结合病的特征，例如鸡瘟病介绍免疫程序时，要把鸡瘟病的主要特征、发病情况做一个介绍，这样才能引起学员的学习兴趣。

（2）免疫程序是专业人员制定的，学员在具体操作上要提前将免疫程序张贴到墙上，确保能够按时完成免疫。

（3）免疫是控制柴鸡疫病的关键，要引起学员足够的重视，讲解时要结合典型的反面案例，通过深刻的教训来引起学员的重视。

专家点评：

（1）专题1讨论的是育雏前准备工作的几个环节，采用了讨论、点评与现场示范的形式，展现了准备的过程，是很好的选择。但是，准备工作要全面，提到了温度，点评没强调，也没指出具体的温度范围等，涉及具体数值，一定要给出准确的值域。

（2）专题2是免疫程序，给出免疫程序，免疫方法如有现场示范，规范操作效果会更好。

（3）本活动日是就一个专题先让学员讨论，然后辅导员做总结归纳的教学方法，这应该是农民田间学校活动日的一个常态化的活动程序。

活动日 4
雏鸡饲养管理

辅导员：王凤山、张士海、韩国亮。

时间：2008 年 4 月 25 日（星期五）9：00—11：30。

地点：流村镇漆园村雅思金阳养殖合作社。

主题 1　雏鸡饲养管理

目的：学习育雏饲养管理技术，提高雏鸡成活率。

方法：小组讨论、观摩。

材料：大白纸、白板、白板笔、育雏示范场。

步骤：

（1）回顾上次活动内容（从略）。

（2）小组讨论雏鸡育雏温度、饮水、饲料、湿度等因素。

（3）辅导员点评，总结 45 日龄前操作要点。

1）1～3 日龄：温度 35～37℃（此温度是雏鸡背部的温度）；相对湿度 60%～70%；光照 24 小时；饮室温的白开水，加 3%～5%葡萄糖，同时加抗生素；饲料全价日粮湿拌料，两小时饲喂 1 次。

2）4～7 日龄：温度 34～35℃；相对湿度 60%～70%；光照 22 小时；饮室温的白开水，加抗生素至 5 日龄；饲料全价日粮湿拌料，两小时饲喂 1 次。

3）8～14 日龄：温度 33～34℃；相对湿度 60%；光照 18 小时；饮室温的白开水至 10 日龄后改为自来水；饲料全价日粮湿拌料，每天饲喂 8 次，自 10 日龄开始加料筒，料筒数量逐渐增加，逐渐撤去开食盘。

4）15～18 日龄：温度 30～32℃，相对湿度 60%，光照 18 小时，饮用自来水，饲喂全价日粮干料。

5）19～24 日龄：温度 28～29℃，相对湿度 50%～60%，光照 10 小时，饮用自来水，饲喂全价日粮干料。

6）25～30 日龄：温度 24～27℃；相对湿度 50%～60%，光照 8 小时（或采用自然光照），饮用自来水，饲喂全价日粮干料。

7）31～45 日龄：温度 20～23℃；相对湿度 50%～60%；光照 8 小时（或采用自然光照）；饮用自来水，饲喂全价日粮干料。

（4）示范并观摩育雏舍。

观摩现场

跟踪图片

辅导员心得体会：

（1）观摩前讨论要充分，把育雏过程中关键环节和管理要点都要进行讨论，让学员有充分的认识，避免讨论时热热闹闹，要点不清或讨论不深或重点内容不全。

(2) 提前设计悬念让农民带着问题去观察，如“如何预防育雏时细菌等病原污染?”“造成雏鸡死亡的关键因素有哪些? 最重要的是什么?”这样学员的注意力会集中，观察时就会认真也细致，回去讨论总结就有话可说。

主题 2　专题讨论如何预防育雏细菌等病原感染

目的：抓住育雏防病关键环节，提高雏鸡成活率。

方法：小组讨论、图片集模拟。

材料：大白纸、白板、白板笔、“清洗消毒图片集”等。

步骤：

(1) 小组讨论汇报。到现场观摩后，每个小组围绕预防感染进行讨论。

(2) 辅导员点评，归纳总结预防病原菌感染的技术要点。

1) 预防水的污染，采取如下措施：10 日龄以前白开水，而后期改为自来水，5 日龄前饮水中加抗生素。

2) 工具清洗消毒：对水缸、盆、铁锹等工具先用消毒液浸泡然后用清水洗净。

3) 预防饲料污染：料盘 1～2 天消毒 1 次，先用消毒药水清洗然后用清水洗干净，再用布擦干，5 日龄前饲料中加抗生素。7 日龄前将湿拌料撒到报纸上，1～2 日更换一次报纸。

4) 防止水槽污染：每天消毒一次，先用消毒药水清洗然后用清水洗干净。

5) 避免人的传播：育雏舍用专用鞋；经常清洗和消毒工作服；勤洗手。

6) 鸡舍彻底消毒：

a) 方案一：喷雾消毒→清扫整理→喷雾消毒→将消毒好的用具放入鸡舍→喷雾消毒。

b) 方案二：清扫整理→喷雾消毒→将消毒好的用具放入鸡舍→喷雾

消毒→封闭鸡舍→甲醛和高锰酸钾熏蒸或者直接对甲醛加热（48 小时）（空舍）→打开门窗放味。

辅导员心得体会：

（1）引出问题可以从“如何控制雏鸡的死亡率提出来?”这样学员才有兴趣，能够把大家的注意力集中起来，提前设置悬念，并且围绕这个主题把活动开展好。

（2）消毒效果看不见说不明，用生产中的案例说明才有说服力。另外，提供消毒的图片加强学员的认识。

专家点评：

（1）田间学校重在培养学员的综合能力。每次现场观摩，都让学员做生态系统分析。比如专题一，学员在育雏舍观摩，要记录与雏鸡正常生长相关的所有因素情况，回来进行分析。通过训练，逐步提升学员发现问题、分析问题和解决问题的能力。

（2）要注意点评小组讨论汇报的优缺点，注意对学员的表达能力的培养。

活动日 5
球虫病防治

辅导员：王凤山、张士海、韩国亮。

时间：2008 年 5 月 16 日（星期五）9：00—11：30。

地点：流村镇小会议室、雅思金阳合作社育雏舍。

主题　球虫病防治

目的： 学习球虫病防治技术，提高雏鸡成活率。

方法： 小组讨论、图片集模拟。

材料： 大白纸、白板、白板笔、球虫病图片集、球虫病病死鸡 5 只。

步骤：

(1) 回顾上次活动内容（从略）。

(2) 辅导员用生产一线的图片制作“球虫病图片集”。

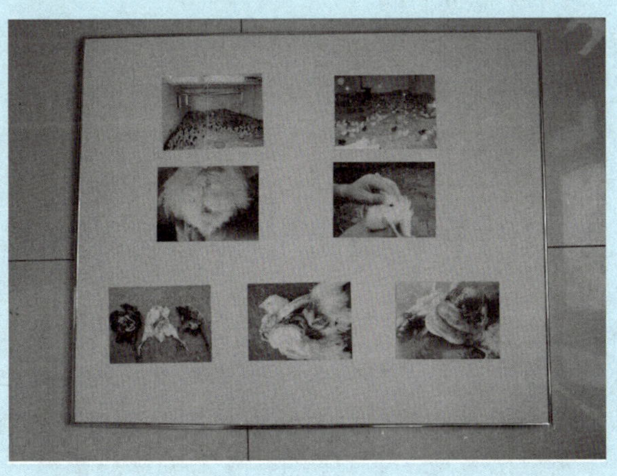

(3) 小组讨论及辅导员点评总结：

1) 球虫病流行特点：

球虫病是散养鸡普遍发生，危害最严重的一种寄生虫病。

15～50日龄的鸡发病率很高，可达到80%。

2月龄以上的鸡多为带虫者，会降低成年鸡的产蛋率，带虫鸡排泄带有卵囊的粪便，还会传播球虫病。

感染途径是鸡啄食了感染性卵囊，但是否发病和摄入感染性卵囊数量以及鸡的抵抗能力有关，因此早期发现、早期治疗效果十分明显。

球虫卵囊对很多消毒剂有抵抗力，且在土壤中可存活4～9个月，在温暖潮湿环境中可存活14个月。

卵囊在温暖潮湿的环境中发育迅速，仅需18小时就可发育成孢子。但在55℃以上或冰冻或干燥的环境中可以很快杀死卵囊，37℃环境保持两天也可以杀死卵囊。

球虫病在温暖潮湿的季节多发，尤其在7—8月严重。

2) 示范球虫病早期诊断：

第一步：检查死鸡肛门有无污染，并清除干净。

第二步：挤压腹部，如肛门出血，确诊为盲肠型球虫病。

第三步：解剖盲肠出血肿大，进行证明。

仔细观察鸡舍粪便。血便为盲肠球虫；血丝样便为小肠球虫；水样便为空肠球虫。

3) 辅导员点评防治措施：

①定期投药预防，常用的药物有氨丙啉、磺胺类药物等，注意要经常更换药物，早期诊断早期给药是控制球虫病的关键。

②管理好粪便并将粪便进行堆肥发酵。

③保持鸡舍和运动场地干燥等综合防控措施。

辅导员心得体会：

(1) 球虫病是造成雏鸡死亡的主要因素之一，发病很普遍。在培训前期到很多育雏舍进行观察，搜集到很多生产一线资料，也拍摄到很多有价值的照片，结合生产实践和球虫病的理论，利用农民有用的知识整理出点评要点，内容不多但是重点突出，更为重要的是实用，前期的准备工作为成功培训奠定了基础。

(2) 发现了早期诊断球虫病的方法，和辅导员深入生产一线以及集中农民知识和智慧密切相关。该方法简便易学能为球虫病防控提前2～3天的治疗控制时间，有效避免了球虫病的爆发。

(3) 创新了田间学校"图片集模拟教学"方法，第一次比较系统的从发病环境—表现及特征—诊断方法—防治措施等四个环境制作了图片集，是畜牧业田间学校教学方法的创新，用图片能引起大家的兴趣，是引导农民打开话匣子的钥匙。学员很欢迎这种方式和方法。培训结束后发放"球虫病图片集"作为技术资料，很多学员当作壁画放置在家里。

专家点评：

(1) "图片集教学法"是畜牧业农民田间学校的创新，克服了受疫病防控影响不能随时进入养殖现场实践的困难。

(2) 通过对病死鸡的解剖，让学员学会解剖和诊断疾病，比较直观，便于掌握。注意强调：人员的消毒和病料的处理。

(3) 在畜牧业农民田间学校中，由于不能到现场参观考察和操作，利用图片集进行教学是农民田间学校参与式教学方法的一项创造性经验。在本次活动日中，应该向学员讲解如何使用图片集进行疾病识别、诊断以及排序讨论等方法。

活动日 6
散养蛋鸡青绿饲料知识

辅导员：王凤山、张士海、商艳琴。

时间：2008 年 6 月 4 日（星期三）9：00—11：30。

地点：流村镇小会议室。

主题 1　青绿饲料方面的基础知识

目的：了解青绿饲料的种类及对鸡的影响。

方法：小组讨论、资源人介绍。

材料：大白纸、白板、白板笔。

步骤：

（1）上期内容回顾（从略）。

（2）讲授并讨论青绿饲料方面的知识。

1）青绿饲料的种类：

蔬菜：白菜、圆白菜、胡萝卜、倭瓜、西红柿等。

野草：河菜、杂草、树叶、青苜蓿等。

资源人王海文介绍青绿饲料使用的种类：饲喂的青绿饲料有大白菜、河菜、倭瓜、野菜、杂草、水芹菜、白头翁、牵牛子秧等，800 只鸡喂 40 千克。

2）青绿饲料的季节性差别：冬季和春季主要以大白菜为主，部分农户用胡萝卜。夏季主要是杂草及野菜。秋季最为丰富，可以饲喂倭瓜、河菜、白菜等。

3）青绿饲料对于柴鸡的作用：青绿饲料的水分含量都在 90%以上，

所以干物质比较少，该类饲料中富含维生素，可以为柴鸡补充维生素。

青绿饲料中的叶绿素没有被破坏，色素的沉着能够改变蛋黄和油脂的颜色。市场比较欢迎深黄的柴鸡蛋蛋黄和柴鸡黄色的脂肪。

4）青绿饲料的补充不能代替精料的给量：800 只鸡饲喂 40 千克（10%），晒干净重 3.5 千克，一只鸡不足 5 克，而一只鸡一天采食量 125 克，所以青绿饲料忽略不计。

5）青绿饲料存贮方法：主要存贮大白菜，有的用窖藏，绝大多数农户堆积起来，用草或者其他的物品苫好来存储。被存储的胡萝卜不能有外伤，否则腐烂后会将周围的胡萝卜腐蚀，最好将胡萝卜埋在土里，只要不冻能够保存得非常好。

主题 2　青绿饲料饲喂的方法

目的：了解青绿饲料饲喂方法。

方法：小组讨论。

材料：大白纸、白板、白板笔、图片集。

步骤：

（1）小组讨论：饲喂青绿饲料的方法。

（2）小组汇报内容总结：常见的饲喂方法有切碎、饲槽、吊篮、蒸煮等方法，利用现有图片制作“青菜补充图片集”。

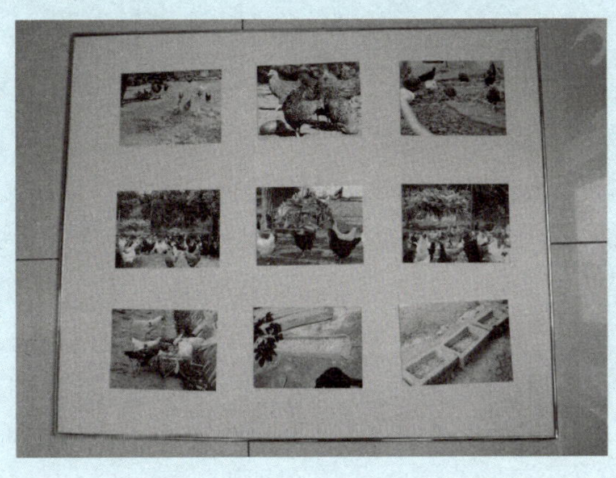

辅导员点评：

（1）青绿饲料弥补了饲料原料单一维生素不足的问题，视供给青绿饲料量的多少，不同程度地补充了维生素。

（2）柴鸡蛋除了要有香味外，客户更看中了蛋黄的颜色，喂青绿饲料可以提供叶绿素，因为直接饲喂，叶绿素没有被破坏，有利于蛋黄中色素的沉积。

（3）饲喂青绿饲料最为突出的问题是青绿饲料受季节的影响严重，秋季丰富价格也很便宜，饲喂的量相对比较高，鸡蛋的质量也好。

（4）冬季青绿饲料匮乏，品种单一，饲喂量少，造成柴鸡蛋品质因为季节的变化而波动。很多客户说你们的鸡蛋掺假了。鸡为杂食动物，但是鸡吃青绿饲料非常广泛，有的鸡吃绿色的玉米叶子，即使羊和驴不吃的“二月兰”鸡也吃。

辅导员心得体会：

（1）饲料方面的问题是影响产蛋率的关键因素之一。普遍现象是鸡吃不饱影响了生长发育，也影响了产蛋率。农民的饲料知识是空白，所以只能采取讲授的方法。

（2）饲料方面的重要性没有引起重视，为了改变学员的观念采取用数字来向农民解释说明存在的问题，这样才有说服力。

专家点评：

（1）理论是空白不等于没有经验。这部分内容可以选择有经验的学员分享经验，然后辅导员点评效果会更好。

（2）让学员利用现有图片制作“青菜补充图片集”很好。需要将如何制作图片集向学员讲清楚。另外，要对学员制作图片集的方法进行点评。

活动日 7
育成鸡饲养管理技术

辅导员：王凤山、苗增璋、韩国亮。

时间：2008 年 6 月 20 日（星期五）9：00—11：30。

地点：流村镇雅思金阳养殖合作社。

主题 1　育成鸡生理特点及饲养管理要点

目的：

（1）了解育成鸡生理特点。

（2）掌握育成鸡饲养管理要点。

方法：小组讨论、现场观摩。

材料：大白纸、白板、白板笔、育成鸡舍。

步骤：

（1）上期内容回顾（从略）。

（2）小组讨论。

题目 1：育成鸡特点。

小组讨论题目 1 结果总结：

1）育成鸡抗病能力比较强，不爱生病。

2）对营养要求没有雏鸡要求的高，相对比较粗放。

3）室外活动为主，雏鸡以室内的活动为主。

4）产蛋鸡产蛋期需要补充钙，育成鸡不需要。

5）产蛋鸡在产蛋期要有严格的光照制度，育成鸡后期（90 日龄以后）开始对光敏感。

题目 2：育成鸡饲养管理措施

小组讨论题目 2 结果总结：

1）要根据鸡的生长发育，提供丰富的日粮。虽然育成阶段对于营养的要求不是很高，以生长骨骼和肌肉为主，但是过度粗放管理也容易发生鸡不能正常发育，致使鸡到了产蛋的年龄仍然不能生产，一般散养蛋鸡产蛋的日龄在 140 天，有的养殖户到了 180 天仍然不能产蛋。所以供给育成鸡的饲料要能够满足鸡的生长发育，这样才能为产蛋期奠定好基础。

2）育成鸡以室外活动为主，所以对于育成鸡的生活要培养规律，如什么时间喂料、什么时间进鸡舍、什么时间补充青菜等，要有目的的进行训练，可以用口哨、敲击铁盆等方法，建立起条件反射，使育成鸡的生活形成规律。另外，鸡在室外活动，生活条件变化比较大，鸡对比较大的声音很敏感（如鞭炮），扎堆被压死的情况时有发生，尤其是暴风雨天气，饲养员一定要照顾好鸡群，发生扎堆时马上将鸡分开。

3）育成阶段的后期，尤其是 90 天以后，鸡的生殖系统开始发育，所以对光线比较敏感，这个时期要按照光照的管理制度进行管理。供给光照的原则是育成阶段光照不能延长，最好恒定在 9 小时，如果不能恒定时可以用育成期光照最长的时间，其他时间不足的用人工光照补充。

（3）观摩育成鸡舍。

辅导员心得体会：

（1）育成鸡阶段是散养蛋鸡的中间环节，起着承前启后的作用，育成鸡之前的育雏期搞不好会引起雏鸡大批死亡；育成鸡之后关系到产蛋期能不能高产。因此，让学员讨论时要了解育成期与育雏和产蛋鸡生理方面的变化及主要区别，这样才能让学员有整体认识。根据生理特点制定的管理措施，也就能够有的放矢。

（2）活动日最好用大白纸，进行系统的总结，并在大白纸上用其他颜色的笔进行点评。用大白纸的优点是便于信息的收集和整理。

（3）用白板进行总结点评时，要及时照相把相关的信息记录下来。重要的信息在活动日结束后要立即进行整理，谨防信息的遗忘。培训过程中可准备两块白板，前边讨论的内容也便于悬挂。

主题 2　鸡栖息架的制作

目的：

（1）了解栖息鸡的主要形式。

（2）掌握栖息架的制作原则。

方法：小组讨论、“栖息架图片集”3 组。

材料：大白纸、白板、白板笔、“栖息架图片集”。

步骤：

（1）根据图片集进行小组讨论。

（2）根据图片集讨论结果，资源人汇报进行经验共享。

（3）辅导员点评总结制作栖息架的原则。

1）便于鸡抓握，满足鸡只的生理习性。

2）能够充分利用鸡舍的空间，用斜面来增加鸡舍的利用面积。

3）栖架要考虑便于补充光照，光照强度均匀力求不留死角。

4）栖架最下层可以设计成活动的结构，方便清理粪便。

5）栖架要便于消毒。

6）栖架材料最好选用木质材料，金属材料不宜在冬季使用，并且消毒液容易使其腐蚀。

7）就地取材因地制宜经济实惠。

辅导员心得体会：

（1）“图片集”模拟可以在活动日之前进行拍照，进行搜集和归类。然后张贴到泡沫板上，制作成“栖息架图片集”。每个小组发放相同的图片集作为讨论的材料，学员在看到其他人做的栖息架后会受到启发。经过归类后的栖息架，可以明显发现其优点和缺点。将优点总结起来，辅导员点评就能总结出栖息架制作时要遵循的原则。

（2）图片集讨论时间不宜太长控制在 20 分钟以内，让学员集中精力思考，防止开小差或跑题。

（3）根据栖息架制作原则，同农民一起发明了专利产品折叠式栖息架，该专利产品 2010 年获得专利证书。

专家点评：

将学员现有的栖息架进行总结，和学员一起讨论优缺点，然后进行改进，申请了发明专利，这是在辅导员的带领下全体学员智慧的结晶。

活动日 8
产蛋期管理——光照制度

辅导员：王凤山、张士海、商艳琴。

时间：2008 年 7 月 11 日（星期五）9：00—11：30。

地点：流村镇活动中心。

主题 1　散养蛋鸡光照制度

目的：

（1）了解补充光照的意义。

（2）掌握散养蛋鸡补充光照的方法。

方法： 讲授。

材料： 大白纸、白板、白板笔等。

步骤：

（1）上期内容回顾（从略）。

（2）讲授光照对鸡产蛋的作用。

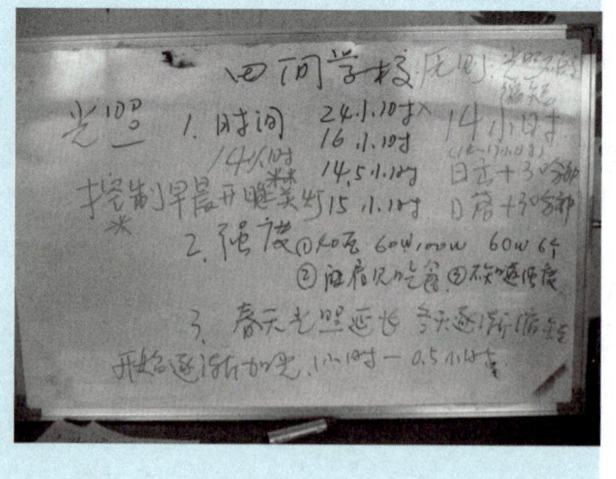

光照能刺激鸡的性腺发育，并能刺激性腺持续分泌激素，来维持鸡持续产蛋，充足的光照是其高产必不可少的条件之一，缺少光照的鸡不可能维持很高的产蛋率。

（3）讲授散养蛋鸡采取补充光照的原则。

育成鸡：育成期间光照时间不用延长，光照的强度恒定不变。

产蛋鸡：产蛋期光照初期只能延长不能缩短，达到 16 小时后维持恒定。

(4) 讲授补充光照的方法。

1) 光照强度：每平方米为 3.2～4 瓦（光照强度为 10 勒克斯），光照强度最低不能低于每平方米 3.2 瓦。

2) 灯泡的布局：悬挂高度为 1.5～2 米，每 10 米悬挂 40 瓦灯泡一个。或者灯头距离地面 1.5 米，灯头与灯头之间的距离为 4 米，灯头距离墙壁之间的距离是 2 米，灯头的距离应为灯的高度的 1～1.5 倍。一般使用 40 瓦的灯泡，不建议使用大于 60 瓦的灯泡，这样光照强度分布不均匀。

3) 光照时间：光照时间恒定在 14 小时或 15 小时。散养蛋鸡采用自然光十人工光照，有效的自然光照时间为早晨日出前半小时至日落后半小时这段时间。自然光照不足 15 小时，用人工光照补充，使光照时间恒定。

4) 增加光照时间的方法：通常在 110 天左右开始增加，要循序渐进每周增加 30 分钟；先从晚上开始补充光照，然后从早晨补充光照，最后恒定在早晨 6 点开灯，晚上 10 点关灯。

在一年中夏至光照时间最长，冬至的光照时间最短。由夏至到冬至光照时间逐渐在缩短，由冬至到夏至光照时间逐渐在延长。因此补充人工光照时可以固定早晨开灯和晚上关灯的时间，就可以保持光照时间的恒定，而且容易操作。

辅导员心得体会：

(1) 调研期间发现散养蛋鸡产蛋率很低，其中主要因素就有缺乏补充光照，很多学员家养鸡安灯不是为了提高产蛋率，而是为了方便管理。为柴鸡补充光照有非常严格而且科学的制度，讲授不但让学员知道为什么要补充光照，重要的是要结合实际情况，让学员回去后能操作补充光照，为提高产蛋率提供必要的条件。

(2) 提供部分图片主要是指出补充光照时存在的问题，存在问题的典型图片，能帮助提高培训教学的效果。

游戏：众人抬竿

目的：锻炼小组人员。

方法：小组讨论。

材料：拇指粗（小头）竹竿 3 米长三根。

步骤：

专家点评：

常见的问题是每个人都试图控制竹竿升（或降）速度，其结果要么超前，把竹竿抬起使部分同伴手离开竹竿；要么落后，自己的手离开了竹竿，最终都会导致小组的失败。这个游戏揭示了团体活动时大家只有齐心协力、步调一致，才能完成任务，实现团队的目标。柴蛋鸡养殖生产也是一样，在疫病防控上也应该群防群治，才能取得好的效果。

主题 2　鸡产蛋箱的制作

目的：

(1) 了解不同类型的产蛋箱。

（2）掌握制作产蛋箱的原则。

方法：小组讨论、经验共享。

材料：大白纸、白板、白板笔、“产蛋箱图片集”等。

步骤：

（1）提供给小组讨论的产蛋箱图片和“产蛋箱图片集”。

（2）小组讨论不同类型产蛋箱的优缺点，总结制作产蛋箱的原则。

（3）小组汇报讨论结果。

（4）辅导员点评，总结制作产蛋箱的原则。

原则 1：鸡觉得安全，可以自由出入。

原则 2：要有足够的空间。

原则 3：鸡只产蛋时趴卧舒服。

原则 4：产蛋箱内比较暗。

原则 5：放置于安静环境。

原则 6：就地取材、经济实惠。

辅导员心得体会：

（1）经常性的总结和提炼，集中优点克服缺点，进行发明创造。

（2）根据活动日学员讨论的结果，共同探索发明了专利产品“家禽产蛋装置”。该项专利 2008 年开始酝酿，2011 年被正式批准。产品优点：放置位置，门朝鸡舍，前口扇形遮挡面积大，材料颜色为黑色增加隐蔽性，产蛋箱背后开口，可以让客户自己在鸡舍外取蛋。

后部取蛋式产蛋箱

取蛋口

内部做成黑色

产蛋箱使用情况

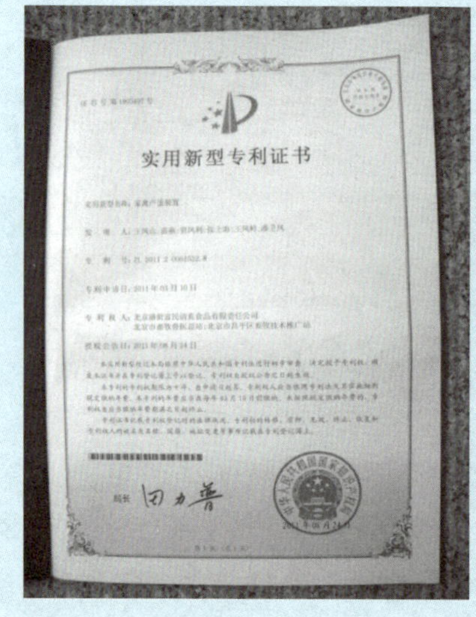

实用新型专利证书

专家点评：

（1）田间学校就是要让学员在现有能力和经验的基础上有提升，在培训过程中培养学员解决问题的能力和总结能力，带领学员搞发明创新。

（2）游戏也是一种培训方法，运用的合理，既能活跃课堂气氛，又能说明一定的道理。使用游戏这种培训方法时要根据培训内容进行认真设计，游戏做完后要组织学员讨论游戏的意义，点评一定要到位。

（3）专利产品“家禽产蛋装置”不应该是像这次活动日所描述的这么简单，最好详细描述这个专利产品的生产过程，特别是如何让学员参与到专利产品的发明过程中的细节。

活动日 9
散养蛋鸡蛔虫病的防治

辅导员：王凤山、张士海、韩国亮。

时间：2008 年 7 月 30 日（星期三）9：00—11：30。

地点：流村镇政府会议室。

主题 1　蛔虫病的生活史及影响因素

目的：

（1）了解蛔虫生活史。

（2）了解蛔虫病发生的原因。

方法：讲授、小组讨论、图片集模拟。

材料：大白纸、白板、白板笔、蛔虫病图片集。

步骤：

（1）上次培训内容回顾（内容从略）。

（2）讲授蛔虫生活史以及与环境条件等因素的关系。

1）开始发育成感染性幼虫但仍在卵内。

2）虫卵发育成感染性虫卵与温度的关系：

序号	温度	天数	备注
1	冻结	不发育	
2	20℃	17～18 天	
3	25℃	9 天	
4	30℃	7 天	

（续）

序号	温度	天数	备注
5	35～39℃	5天	发育最快
6	高于39℃	几分钟内死亡	

3）感染性虫卵持续时间：

存在环境	感染性虫卵感染性	备注
自然环境中	3个月有感染性	虫卵普遍存在
土壤中	6个月有感染性	柴鸡接触土壤最易感

4）鸡月龄与发病蛔虫数量：

鸡月龄	发病条数	备注
0～2月	4～5条	
3～4月	15～25条	最严重发病
5～6月以上	抵抗力增强	

5）感染性虫卵发育成成虫：需要1～2个月的时间。

6）虫卵的特点：虫卵对消毒液抵抗力强。阳光直射、粪便堆肥、沸水可使之迅速死亡。

7）蛔虫病与饲料中营养物质等外在条件相关：通过试验证明蛔虫的发育和饲料中的维生素A、维生素B以及饲料中动物性蛋白含量有关系。鸡获得维生素的量与鸡肠道内的蛔虫数量以及发育的长度直接相关。

维生素	鸡获得量	蛔虫数量（条）	蛔虫长度（毫米）
维生素A	获得正常量	11	6
	缺乏	50	49
维生素B1	获得正常量	4	
	缺乏	13	

蛔虫在鸡体内发育与动物性蛋白质含量有关，动物蛋白含量高，可

增强鸡对蛔虫的抵抗力，限制蛔虫的发育。另外，饲料配方单一，散养蛋鸡的抵抗力弱，虫体增长快，尤其是麸皮含量高时，蛔虫病更为严重。

辅导员心得体会：

（1）讲授前把蛔虫病相关的知识进行系统的总结，把与学员相关的知识总结出来，尤其是可以采取预防控制措施的因素要写清楚，如麸皮在饲料中的比例多时鸡发病严重。讲述时要启发学员，如虫卵对消毒药抵抗力强——消毒无效；虫卵对热敏感——粪便堆肥发酵等，这样条理清晰、结合实际而且通俗易懂。

（2）讲解时提前把相应的表格以及重要的信息写到大白纸上，可以节省时间。

主题 2　蛔虫病的诊断及防治

目的：

（1）掌握蛔虫病的诊断方法。

（2）掌握蛔虫病的预防和治疗方法。

方法：小组讨论、图片集模拟。

材料：大白纸、白板、白板笔、“蛔虫病图片集”3 组。

步骤：

（1）小组讨论：利用图片集模拟，结合讲授的蛔虫病知识确定预防措施。

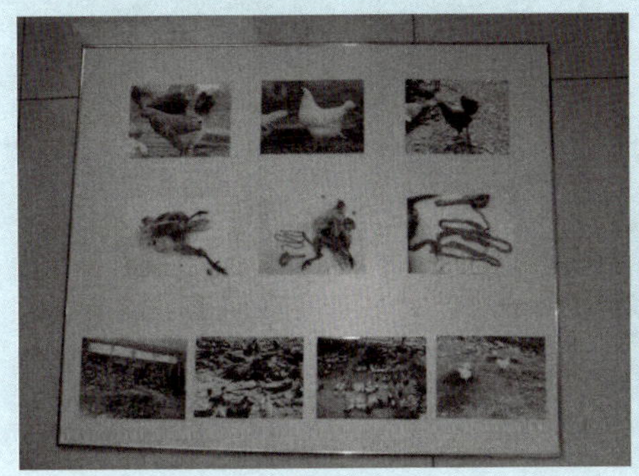

（2）资源人汇报小组讨论情况。

（3）辅导员进行点评总结诊断方法。

口诀：

“尾巴向上扬，
肛门努责强，
最后还一招，
肠道来一刀。”

散养蛋鸡肠道内有寄生虫或者采食大量的土壤会不断的努责，使尾巴向头部高高扬起，犹如“孔雀开屏”。但是并不是所有的“孔雀开屏”的鸡都患有蛔虫病。要准确判定还要将鸡两腿捉住，待鸡安静时观察鸡肛门，患有严重蛔虫病的鸡会间歇性的努责。另外，最为准确的方法是选择几只症状明显的鸡，在肠道中发现蛔虫，就能够确诊。

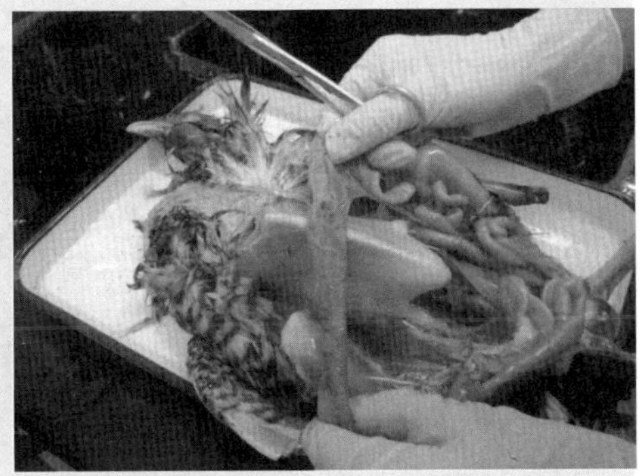

(4) 辅导员点评鸡蛔虫病的防治。

1) 尽量保持环境干燥，地面可以铺一层沙子。

2) 每天清扫粪便并堆积发酵处理。

3) 定期消毒，每周 2～3 次。

4) 饲料中添加鱼粉，减少麸皮的比例。

5) 驱虫：每年应进行 2 次定期驱虫，雏鸡于孵化后 2 个月左右驱虫一次，当年秋末进行第二次驱虫；成年鸡第一次驱虫安排在 10—11 月，第二次驱虫放在春秋产蛋季节前一个月进行。

6) 驱虫药物：

枸橼酸哌哔嗪（驱蛔灵），2.0 毫克/千克，拌入饲料中一次内服，或配成 0.1%～0.2%水溶液饮服。

左旋咪唑，以 25～40 毫克/千克剂量与饲料混合，饲喂。

噻苯唑，以 500 毫克/千克拌入饲料中饲喂。

辅导员心得体会：

(1) 活动日前要到蛔虫病比较严重的养殖场进行走访，实地剖检病鸡，做好相片的积累，提前制作好“蛔虫病图片集”。

(2) 走访过程中要发现资源人，参与鸡的诊断和治疗过程，便于活动日和大家沟通交流。

(3) 提炼和概括诊断要点，通过口诀的方式传授给大家，便于记忆，很多人看到“翘尾巴”的鸡很快就能认识到可能得了什么病。该症状是农民培训实践经验的总结。

专家点评：

蛔虫病是散养蛋鸡的又一个主要疾病之一。辅导员准备工作充分，利用图片和实物，通俗易懂，提高了学员的感性认识和诊断能力，对预防也有了清晰的了解。要结合实际，给学员灌输一种理念——防重于治。

活动日 10 成年鸡春夏季节饲养管理

辅导员：王凤山、苗增璋、韩国亮。

时间：2008 年 8 月 15 日（星期五）9：00—11：30。

地点：流村镇政府会议室。

主题 1　成年鸡春季饲养管理

目的：

（1）了解春季气候特点。

（2）了解成年鸡在春季生理变化。

（3）掌握饲养管理主要措施，提高产蛋率。

方法：小组讨论、讲授。

材料：大白纸、白板、白板笔等。

步骤：

（1）上期内容回顾（从略）。

（2）小组讨论 1：春季气候特点。

（3）春季气候特点总结：春季气温逐渐回升，平均气温仍然很低，温差较大且忽高忽低；日照时间逐渐延长；风较大；空气干燥。

（4）小组讨论 2：鸡在春季的生理变化特点。

（5）鸡在春季的生理变化特点总结：

1）在自然光照的情况下，是鸡产蛋率最高的季节，因此对营养物质的需求增加。

2）在春季气温升高细菌等病原微生物容易孳生繁殖，而且风大容易传播病原微生物，而使鸡感染疫病。

3）温度忽高忽低，鸡体内的条件菌容易在机体抵抗力低的时候，引发疾病如感冒、下痢等呼吸道和消化道疾病。

（6）小组讨论3：春季饲养管理要点。

（7）春季饲养管理要点总结：

1）增加营养满足鸡只产蛋的需要。

2）对鸡舍和运动场等环境进行彻底的清扫消毒。春季疫病高发，要在转暖之前彻底清扫鸡舍，清理粪便进行堆肥发酵，清洁天花板和墙壁的粉尘。地面用生石灰或者用2%～5%火碱水消毒。墙壁天花板用普通消毒药（季铵盐类等消毒剂）进行喷雾消毒。注意：冬季鸡舍封闭较严，天花板和墙壁会聚集很多灰尘，清理人员要做好防护，在鸡舍内没有鸡时进行清理，避免造成异物性肺炎。

3）准备足够的产蛋箱：准备足够的产蛋箱，满足鸡只产蛋的需要，减少脏蛋或破壳蛋的数量。

4）药物预防：在天气骤变的情况下，投服常用的药物控制机体内的条件菌，预防感冒和下痢等疾病发生。

5）淘汰不产蛋鸡。春季不产蛋鸡多为病鸡，应该及时挑选予以淘汰。

辅导员心得体会：

（1）大家对季节的变化特点都非常熟悉，可以畅所欲言，要引导大家思考在相应的气候条件下鸡的变化和对饲养管理的需求。

（2）点评要点要注意可操作性，结合春季气候特点和当时的生产实践进行系统的总结和提升。

主题2　成年鸡夏季饲养管理

目的：

（1）了解夏季气候特点。

（2）了解成年鸡在夏季生理变化。

(3) 掌握夏季饲养管理措施，降低死淘率，提高产蛋率。

方法：小组讨论、讲授。

材料：大白纸、白板、白板笔等。

步骤：

(1) 小组讨论 1：夏季气候特点。

(2) 夏季气候特点总结：气温高；暑热炎天；多雨；潮湿；日照时间长，最长的日照时间在夏至。

(3) 小组讨论 2：鸡在夏季的生理变化特点。

(4) 鸡在夏季的生理变化特点总结：因鸡无汗腺对热敏感，鸡散热主要靠呼吸来散热；采食量降低导致营养摄入不足；产蛋率低；抗病能力弱。

(5) 小组讨论 3：夏季饲养管理要点。

(6) 夏季饲养管理要点总结：

1) 夜间鸡只在鸡舍内休息增加鸡舍的通风换气量，可以安装吊扇和风机。

2) 降低饲养密度，每平方米不高于 8 只，预防热射病。

3) 增加房舍屋顶的厚度，建造鸡舍时房顶最好建天窗。

4) 增加饮水设备，水源充足保证鸡能及时喝到清洁的饮水。

5) 运动场要用遮阳网搭凉棚，也可以种植树木为鸡只遮阴或在运动场内形成阴凉。

6）投抗热应激药物：每吨水加维生素C用量200～300克或者饮水中加碳酸氢钠每吨水加200～800克。也可以将维生素C或碳酸氢钠拌入饲料中。

7）注意对饮水设备的消毒，每天彻底清洗消毒一次。夏季适合微生物的孳生和繁殖，有的养殖户饮水器都长青苔了。

8）及时清理运动场的排水通道，确保畅通。夏季容易感染寄生虫病和其他传染性疫病。

辅导员心得体会：

(1) 饲养管理大家都很熟悉，讨论起来不容易引发兴趣，可以借助图片或案例，每一个要点寻找一个典型的案例，这样大家学习起来在听故事的过程中就把知识掌握了，印象也会深刻。

(2) 抓住中心点——夏季产蛋率低，这个结果和哪些因素有关，始终围绕这个主线，活动日组织起来条理就比较清晰，也能抓住大家的心理。

活动日 11
成年鸡秋冬季节饲养管理

辅导员：王凤山、张士海、韩国亮。
时间：2008 年 9 月 10 日（星期三）9：00—11：30。
地点：流村镇政府会议室。

主题 1　成年鸡秋季饲养管理

目的：

（1）了解秋季气候特点。

（2）了解成年鸡在秋季生理变化特点。

（3）掌握秋季饲养管理主要措施，形成第二个产蛋高峰。

方法：讲授、小组讨论。

材料：大白纸、白板、白板笔等。

步骤：

（1）上期内容回顾（从略）。

（2）小组讨论 1：秋季气候特点。

（3）秋季气候特点总结：气温逐渐减低，且昼夜温差大；日照逐渐缩短；天高云淡，空气干燥清新。

（4）小组讨论 2：鸡在秋季的生理变化特点。

（5）鸡在秋季的生理变化特点总结：

1）老鸡开始换羽毛；

2）春雏陆续开始产蛋；

3）秋季是柴鸡第二个产蛋高峰期，但夏季体质消耗大需要补偿能量。

(6) 小组讨论 3：夏季饲养管理要点。

(7) 夏季饲养管理要点总结：

1) 增加营养满足第二个产蛋高峰的需要，主要增加蛋白质和能量饲料。

2) 饲喂管理：分三次饲喂精料，分别是上午 7：00 和 11：00；下午 3：00。每一次饲喂要保证料槽没有剩余，始终保持很好的食欲。

3) 补充人工光照：秋季光照逐渐缩短，要保证每天的光照时间恒定在 16 小时，科学合理的光照强度和光照时间，能推迟鸡只更换羽毛，增加产蛋时间。

4) 秋季要存贮足够的青绿饲料如白菜、倭瓜、胡萝卜等，以备冬季和早春饲喂。

5) 驱虫：柴鸡都有不同程度的寄生虫感染，所以要定期进行驱虫。

6) 修缮鸡舍：在天气较为暖和的时候要修缮鸡舍，加厚墙壁、加厚房顶、封堵通风口等为散养蛋鸡冬季御寒做准备。

7) 整理鸡群淘汰不产蛋鸡。其中正常换羽毛的鸡不要被错误淘汰，自左边开始数共有 10 根羽毛为主翼羽，中间有分界的短一点为轴羽毛。更换主翼羽时鸡休产，检查翅膀就能判断是否换羽。

辅导员心得体会：

（1）饲养管理方面知识还要进行科学的讲解，如学员对判定鸡是否换羽感兴趣，所以要把科学管理方面的知识点向大家介绍清楚。

（2）围绕提高产蛋率这条主线同时要提一些经营管理方面的信息，秋季开始进入市场旺季，如何经营管理也是学员应该学习的知识，这样才能达到提高农民综合素质的效果。

主题 2　成年鸡冬季饲养管理

目的：

（1）了解冬季气候特点。

（2）了解成年鸡在冬季的生理变化特点。

（3）掌握冬季饲养管理主要措施，做好御寒保暖。

方法： 讲授、小组讨论。

材料： 大白纸、白板、白板笔等。

步骤：

（1）小组讨论 1：冬季气候特点。

（2）冬季气候特点总结：

1）冬季气温低；

2）日照时间短，昼短夜长，一年中最短的日照时间在冬至；

3）鸡舍内外温差大；

4）下雪。

（3）小组讨论 2：鸡在冬季的生理变化特点。

（4）鸡在秋季的生理变化特点总结：

1）需要更多的能量和营养来维持自身需要；

2）饲料消化率降低；

3）产蛋量减少；

4）当气温降至－9℃以下时，鸡只会发生冻伤，采食量升高，产蛋率下降。

(5) 小组讨论 3：冬季饲养管理要点。

(6) 冬季饲养管理要点总结：

1) 做好保暖工作。加厚鸡舍墙壁，可以用玉米秸秆等加厚鸡舍墙壁厚度；门口、窗口挂棉帘，或用其他遮挡物进行遮挡；非常寒冷的天气可以在鸡舍内生火炉、建火炕或火墙。

2) 给鸡只饮用温水、温水拌料或蒸煮青菜。禁止鸡饮用冰碴水，采食冰冻的饲料。

3) 做好通风换气工作。鸡舍的通风和保温是矛盾的，通风使鸡舍内空气质量提高的同时降低了鸡舍的温度。

4) 清理粪便。每天放鸡以后要及时清理粪便，将粪便运送到堆肥发酵场地进行堆肥。

5) 清扫粉尘。冬季鸡舍粉尘较多，因为空气不流通，会在天花板、墙壁上部等部位聚集很多灰尘。

6) 冬季散养蛋鸡饲喂青绿饲料时，切碎后让鸡只采食，冰冻的青菜要解冻后才可以饲喂。注意对青绿饲料如白菜、瓜、胡萝卜的存储，冰冻后融化很容易腐烂，禁止饲喂变质的青绿饲料。可以将青菜悬挂的位置升高，使鸡跳跃才能采食到，这样会促进鸡只的运动。

辅导员心得体会：

(1) 冬天是产蛋率最低的季节，因为寒冷，管理起来也不方便。关于保暖问题还是鼓励大家进行经验共享，寻找到经济适用的管理方法。

(2) 锻炼大家思考问题的能力，通过多种方法找出引起冬季产蛋下降的原因，相对的管理措施也就一目了然。活动日也有过做“问题树”的想法，但因为培训的内容多，害怕做“问题树”占用大家的时间太长，所以没有采纳。

专家点评：

(1) 第 10、11 活动日主要围绕成年鸡的四季管理，让学员比较四季的不同特点，采取不同的管理措施。

(2) 辅导员组织学员一起做出成年散养蛋鸡四季的标准管理历，用以指导生产管理，会取得更好的学习效果。

活动日 12 柴鸡生理特点与临床给药

辅导员：王凤山、苗增璋、韩国亮。
时间：2008 年 11 月 10 日（星期一）9：00—11：30。
地点：流村镇活动中心。

主题 1　鸡的生理特点与临床用药

目的：
（1）了解鸡的生理特点。
（2）掌握正确的给药方法。
方法：讲授、小组讨论。
材料：大白纸、白板、白板笔等。
步骤：
（1）小组讨论 1：鸡的生理特点与用药。
（2）鸡的生理特点与用药总结：

1）没有牙齿、味觉不发达。鸡味觉不发达，所以对于有异味的药物均可服用。也由于这个原因对于咸味没有鉴别能力，容易造成食盐中毒。尤其是雏鸡 4 周龄以后才形成血脑屏障，食盐很容易进入脑组织引起中毒，这一点水禽有排盐的鼻腺而鸡只没有，这是鸡只对食盐敏感的主要原因。

2）肠道短。鸡肠道与体长的比率小，肠道蠕动快，物质通过的时间约为 2～4 小时，内服给药大多吸收不完全。

3）鸡肝脏与鸡体重的比和肾脏与鸡体重的比大。由于鸡肝脏与鸡的体重比大，肾脏与鸡体重的比也大，所以药物在肝脏和肾脏的代谢转化快，鸡不容易造成蓄积中毒。但是肾小球结构简单，所以对很多以原型排出的药物比较敏感如链霉素和新霉素等，长时间大剂量应用会造成肾脏损害，我们称这类药物为肾毒。

4）鸡体内缺乏形成尿素的酶。鸡体内缺乏形成尿素的酶，因此以尿酸盐的形式排泄氨，尿酸盐不易溶解，容易积聚在肾脏、输尿管以及内脏和关节的表面形成肾炎、结石或痛风。尤其是在钙磷比例不当、蛋白质过高或维生素A缺乏时，这类现象更严重。

5）家禽血液中胆碱酯酶储存量很少。家禽血液中胆碱酯酶储存量很少，对有机磷类的药物非常敏感，容易造成中毒。在用有机磷类驱虫药物的时候要注意用法和用量。

6）家禽无汗腺又有丰厚的羽毛，所以鸡对高热敏感。鸡有丰厚漂亮的羽毛，皮肤上没有汗腺，高热情况下依靠增加呼吸次数，通过呼吸道呼出水蒸气来带走体内的热量。夏季要增加碳酸氢钠和维生素C的给量，来减少应激反应。另外增加碳酸氢钠还可以中和酸性的尿液，减少对肾脏的损害。

7）家禽没有呕吐的功能。药物中毒时，鸡不能呕吐所以催吐的药物不起作用，可以切开嗉囊或用下泻的药物治疗。

辅导员心得体会：

（1）鸡的生理特点部分每个人都会有话说，但是总结的不会全面，为节省培训时间，辅导员可以带领大家给以必要的启发和提示，如鸡嘴特点——没有牙齿有喙等，让大家的思维始终围绕着辅导员的思想转。

（2）用药特点理论性和科学性比较强，只能靠辅导员讲授，要深入浅出，把和日常饲养管理相关的内容表达清楚，并结合给药的实际例子来说明。例如鸡没有味觉，很多食物包括药物是被吞进去的，日常生活中我们吃的咸鸡蛋或咸鸭蛋的蛋壳，如果给鸡吃就容易造成鸡食盐中毒而导致鸡死亡。

主题 2　给药原则及常用的给药方法

目的：

（1）了解临床用药的原则。

（2）掌握常用的给药方法。

方法：讲授、小组讨论。

材料：大白纸、白板、白板笔、拌药图片 3 套等。

步骤：

（1）讲授给药的原则。

1）柴鸡预防性给药的原则：出生雏鸡疫病抵抗力差，容易受到呼吸道和肠道内常在菌的感染。0～5 日龄要在饲料和饮水中加入抗生素，增强雏鸡抗病能力，预防呼吸道和消化道细菌的感染。

2）柴鸡治疗性给药原则：针对疫病进行投药治疗。

3）药物选取的原则：一般原则使用普通的抗生素如土霉素、庆大霉素或恩诺沙星等药物，进行预防性给药，不建议使用最新研制的兽药。也可以根据最近一阶段药敏实验结果选择药物。

（2）用图片集模拟学习“逐级稀释法拌药”。饲料添加药物时，为将药物和饲料搅拌均匀，养殖户在缺少设备的情况下，可采用逐级稀释的办法拌料，拌料方法如下。

1）认真阅读药品说明书计算出药物的用量，或按兽医建议的用药量准备好药物。

2）将药物拌入 5 千克左右饲料中混合三遍。

取一盆饲料

取料分三堆 1 盆、1 盆、2 盆

3）再加入5千克左右的饲料混合三遍。

4）加入10千克饲料混合三遍。

5）将含有药物的20千克饲料和全部饲料混合三遍。

养殖户购买预混料和浓缩料时，缺乏仪器设备时也可以采用逐级稀释的办法，使饲料混合均匀。

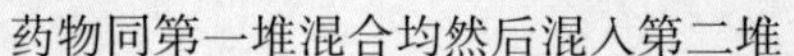

药物同第一堆混合均然后混入第二堆　　混入第三堆混合均匀

(3) 讲授饮水给药药物分配方法。

1）液体药物分配法：

首先，认真阅读药品说明书，计算出药物的总量和每桶水用药量。

然后，用注射器按每桶水应该加入的药量抽取，注入水桶中反复混合至均匀，即可让鸡饮用。

2）固体药物分配方法：

首先，认真阅读药品说明书，计算出药物的总量和每桶水用药量以及总共用水桶数。

然后，用水瓢取水（每桶水按瓢计算倒入水桶中），将全部药物倒入有水的桶中，溶解并混合均匀。

最后，取一瓢药液倒入水桶中，加注清水到满桶，混合均匀后即可让鸡饮用。

辅导员心得体会：

(1) 定期进行电话反馈，随时了解他们对培训效果的评价，了解学员对养殖相关的需求，在力所能及的范围内，帮他们解决生产生活中遇到的问题。

(2) 要促进学员间的经济合作，学员间不但是学习的伙伴也是生意圈的人，这样建立起来的关系才稳固。

(3) 注意要在培训结束期间经常进行电话访问，了解行业的动态以及柴鸡的生产情况。

专家点评：

讲理论时使用图片集是一个不错的方法，讲操作技能时，最好还是使用示范的培训方法，通过实际操作，使学员准确掌握操作要领，明确达到什么程度为合格的标准，增强学员操作的自信心。

活动日 13
鸡常见实用技能与学校结业

辅导员：王凤山、苗增璋、韩国亮。

时间：2008 年 12 月 11 日（星期三）9：00—11：30。

地点：流村镇活动中心。

主题 1　常用的临床用药方法

目的：

（1）掌握肌肉注射方法。

（2）掌握皮下注射方法。

（3）掌握刺种方法。

方法：讲授、图片模拟、实际操作。

材料：大白纸、白板、白板笔、“治疗技能图片集”等。

步骤：

（1）讨论和讲授肌肉注射方法：

1）消毒：注射器和针头要经过彻底清洗后，用蒸馏水煮沸消毒10～15 分钟。也可用蒸锅蒸 15 分钟。每 100 只鸡更换消毒好的针头一个。

2）注射部位：以胸部和翅膀根部为好，还可以注射到大腿内侧无血管处。

3）肌肉注射方法：注射胸部和翅膀肩部时要从前向后呈 30°角进针。禁止从后向前进针，容易刺入肝脏导致鸡只死亡。也禁止垂直进针，容易刺入胸腔或腹腔的其他器官。

4）肌肉注射注意事项：注射的药物要提前预温，使药物温度和鸡体温接近。

（2）小组讨论和讲授皮下注射方法：

1）皮下注射方法：左手拇指与食指捏取颈部皮肤，形成皱襞，右手持注射针管在皱襞底部稍斜快速刺入皮肤与肌肉间，注入疫苗，左手拇指、食指有被冲击的感觉，注射完毕，将针拔出。

2）皮下注射注意事项：注射时要经常更换消毒过的针头，一般 100 只鸡更换一个针头。

（3）小组讨论和讲授刺种方法（仅鸡痘免疫用）：

1）鸡痘疫苗的稀释：将疫苗用蒸馏水或生理盐水稀释，500 羽疫苗用 4 毫升稀释液，或按说明书稀释。

2）翼膜接种方法：充分摇匀后用刺种针蘸取疫苗，在一侧鸡翅膀内侧无血管处刺种，要穿透皮肤。用刺种针或用蘸水笔均可，刺中时要避开血管。

3）检查刺中效果：鸡痘接种后一周观察刺种部位，如红肿或有结痂说明免疫成功，免疫失败的鸡必须重新接种。

专家点评：

本内容是养殖户常用而做不好的操作，如果培训中将这些技术用鸡真刀真枪的操作，纠正错误，规范正确的操作方法，提升学员的实际操作技能，培训效果会更好。

主题 2　结业票箱测试

目的： 了解学员一年来的学习情况。

方法： 票箱测试。

材料： 票箱及试题、答题纸、胶带等。

步骤：

结业测试试题（活动日提前准备好）

柴鸡养殖农民田间学校 BBT 测试题（结业）

1. 光照对于产蛋鸡的产蛋率？

A. 提高　　B. 降低　　C. 无作用

2. 玉米主要合成？

A. 鸡肉　　B. 脂肪　　C. 骨骼

3. 雏鸡水槽消毒次数？

A. 每月一次　　B. 每周一次　　C. 每天一次

4. 柴鸡料槽要保证多少柴鸡同时采食？

A. 八成　　B. 五成　　C. 三成

5. 柴鸡饲料最好做成？

A. 颗粒　　B. 粉末　　C. 粥样物

6. 下列对雏鸡成活率最关键的是？

A. 湿度　　B. 温度　　C. 光照

7. 育雏时给雏鸡饮水的方式？

A. 自由饮水　　B. 每天两次　　C. 每天三次

8. 蛔虫病诊断的关键？

A. 看尾巴　　B. 打开病鸡肠道　　C. 挤压腹部

9. 在饲料中添加麸皮的数量？

A. 不受限制　　B. 不超过二成　　C. 不超过五成

10. 鸡产软壳蛋可以补充？

A. 蛋壳　　B. 玉米　　C. 豆粕

11. 育雏时雏鸡扎堆说明？

A. 温度过高　　B. 温度低　　C. 温度合适

12. 产蛋鸡产蛋期间光照？

A. 达到 16 小时　　B. 随意　　C. 24 小时

13. 为害最严重的寄生虫病是？

A. 球虫病　　B. 鸡虱子　　C. 线虫

14. 柴鸡给药疗程一般是？

A. 4 天　　B. 2 天　　C. 7 天

15. 鸡在沙子里打滚的原因？

A. 产蛋　　B. 有寄生虫　　C. 不良的癖好

16. 鸡免疫当天能否消毒？

A. 必须消毒　　B. 不能消毒　　C. 可消毒也可不消毒

17. 鸡蛋成分主要是？

A. 蛋白质　　B. 能量　　C. 维生素

18. 诊断球虫病的方法？

A. 尾巴向上翘　　B. 挤压死鸡尾部　　C. 掉毛

19. 日常消毒次数？

A. 每年二次　　B. 每周二次　　C. 每月二次

20. 控制球虫病的关键？

A. 管理好粪便　　B. 药物控制　　C. 喂好的饲料

(1) 准备投票票箱（提前准备），摆放好票箱和试题。

(2) 学员投票。

(3) 票箱测试统计分析结果（活动日后完成）

1) 对流村镇柴鸡养殖农民田间学校进行票箱测试，参加测试人数应为 22 人，实际为 22 人；投票总数应为 440 票，实际投票为 440 票；正确票数为 358 票，不正确票数为 82 票；投票正确率高的学号分别是 2、11、13、14、19、27、28 号，正确率为 90%；平均成绩为 81.4 分。从测试结果看，农民基本掌握了散养蛋鸡的养殖技术。

2) 从分数分布的情况看，成绩比较集中，但是每道题都有回答错误的学员，这同学员缺课有关，参加培训的学员基本都能掌握培训的要点。

表1　票箱测试结果统计

试　　题	正确票数	正确率	备注
1. 光照对产蛋鸡产蛋率？____	19	84%	
2. 玉米主要合成？____	18	82%	
3. 雏鸡水槽消毒次数？____	19	84%	
4. 柴鸡料槽的长度要保证几只同时采食？	18	82%	
5. 柴鸡饲料最后做成？____	17	77%	
6. 下列影响雏鸡成活率最关键的是？____	18	84%	
7. 育雏时给雏鸡饮水的方式？____	17	77%	
8. 蛔虫病诊断的关键？____	19	84%	
9. 在饲料中添加麸皮的数量？____	17	77%	
10. 鸡产软壳蛋可以补充？____	18	82%	
11. 育雏时雏鸡扎堆说明？____	17	77%	
12. 产蛋鸡产蛋期间光照时间？____	18	84%	
13. 为害最严重的寄生虫病？____	18	82%	
14. 柴鸡给药疗程几天？	19	84%	
15. 柴鸡喜欢在沙子里打滚的原因？____	19	84%	
16. 柴鸡免疫当天能否消毒？	19	84%	
17. 鸡蛋主要成分？____	18	82%	
18. 诊断球虫病的方法？____	19	84%	
19. 日常消毒次数？____	17	77%	
20. 控制病毒病最有效的方法？____	14	64%	

注：结业BBT测试试题与开学时的BBT测试试题难度要基本一致。在没有单独讲解试题的情况下（只在培训过程中讲到了），可以用同一套试题；对于专门进行了测试题讲解的情况，可以在原有试题基础上进行相应调整，改变表述方式或调整为相关内容，难度与原试题保持基本一致。

表 2　票箱测试成绩单

序号	姓名	培训前成绩	培训后成绩	备注
1	许永兵	55	80	
2	贺德君	70	90	
3	刘瑞敏	75	75	
4	王兴顺	50	80	
5	张永梅	45	70	
6	贺艳丽	55	85	
7	刑春莲	55	0	改行退学
8	段连会	55	85	
9	刘福玲	50	80	
10	路全香	55	0	改行退学
11	李　栋	80	90	
12	王学祥	55	80	改行退学
13	张树敏	80	90	
14	王海文	85	90	
15	刘福琴	55	75	
16	陈秀玲	60	80	
17	祝建丽	45	0	改行退学
18	蔡淑清	60	80	
19	付振宇	80	90	
20	朱建清	55	80	
21	王春荣	65	80	
22	李　兵	50	0	改行退学
23	段连合	80	0	改行退学
24	蔡玉宝	60	70	
25	王利军	60	70	
26	胡志艳	45	0	改行退学
27	王晓续	85	90	
28	蔡秀花	90	90	
	平均成绩	62.7	81.4	

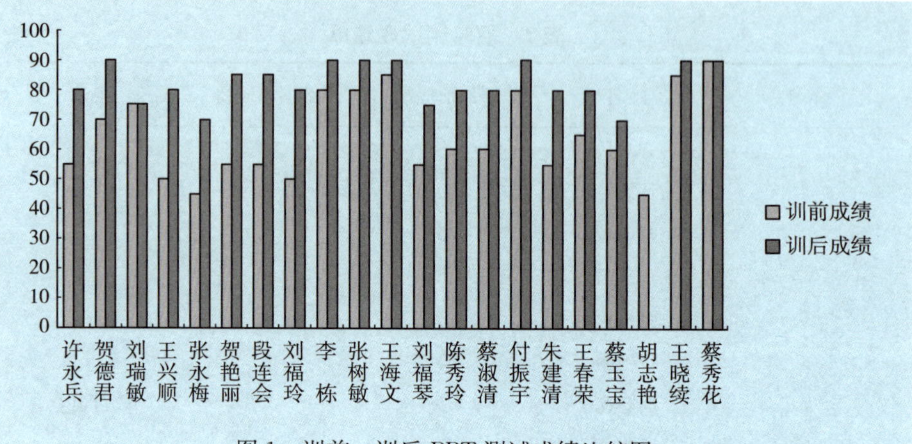

图1　训前、训后BBT测试成绩比较图

辅导员心得体会：

（1）结业的票箱测试试题要在开学已经做好的试题的基础上做适当的修改，涉及的知识面和难度要基本保持一致，也可改变一下提法，考察学员是否真正掌握。

（2）试题讲解的时间安排在票箱测试投完票后立即进行，讲解要系统，把全年的知识都串联起来，加深学员的认识，同时还能同学员进行交流，解答大家的疑问。

昌平区流村镇柴鸡养殖田间学校总结

1　田间学校工作任务完成情况

流村镇田间学校自2007年9月至2008年12月共组织调研与活动日20余次，其中培训活动13次，培训实用技术15项，累计培训农民313人次，完成了年度培训任务。跟踪科技示范户3户，入户指导30次。上报信息10条，接待观摩团一次，总结“球虫病”、“产蛋箱”等图片集9套。通过增收节支、提高生产效率，全班学员共增加纯收入50余万元。其中提高产蛋率和成活率增加收入达10万元以上，采取挑选不产蛋鸡等技术节本增效40余万元。

2　田间学校组织与管理

畜牧技术推广站11名辅导员按专业分成四个工作组，分别负责柴鸡养殖、生猪养殖、肉羊养殖和奶牛养殖农民田间学校培训工作组，每个工作小组确定一名负责人。

田间学校活动时组织成员可以互为助手，如生猪养殖田间学校的辅导员在柴鸡养殖田间学校活动时可以作为助理辅导员协助开展活动。这样不但可以解决辅导员不足的问题，还能够在办学经验方面取长补短，相互学习，共同提高。

辅导员每个月召开一次例会，会上各培训工作组汇报办学工作进展和工作中遇到的问题，集体讨论下一步的工作计划和工作重点，对问题提出应对措施。辅导员例会制度的目的是不断提高辅导员自身能力和素质，互相学习取长补短，实现经验和知识的共享。

3　具体工作开展情况

3.1　开展培训需求调研

（1）进行入户访谈。2007年9月开始进行需求调研，主要采取二手资料和入户访谈的方法，二手资料来源于流村镇动物卫生防疫站和流村镇政府农办。先后对流村镇的9个村16户养鸡专业户进行了走访，基本了解了柴鸡养殖业的发展现状及农民的需求。

（2）制定培训课程表。利用问题主观排序和客观排序方法，得出了农民对行业的真实判断——产蛋率低死亡率高，统一了大家的思想。排列出了农民需要解决的 12 个主要问题，辅导员同农民一起制定了田间学校培训课程表。

3.2 活动日培训情况

截至 2008 年 12 月底，全年共组织农民活动日活动 13 次，累计培训农民 313 人次。组织票箱测试 2 次、图片集模拟教学 9 个内容、小组讨论 19 个内容、经验分享 7 个内容、讲授 6 个内容、实操 2 个内容、观摩 2 个内容、示范 1 个内容。

3.3 组织召开畜牧业田间学校半年总结汇报会

7 月 2 日组织召开了“昌平区畜牧业农民田间学校半年总结汇报会”，邀请了北京市畜牧兽医总站云鹏副站长、魏荣贵科长，还邀请了昌平区农委牛路江副主任、魏福臣科长，以及昌平区农业局罗桂河副局长等领导参加了总结汇报会。流村镇柴鸡养殖农民田间学校参会代表有蔡秀花、付振宇、王海文、王小续、王学祥等参加了会议，王海文代表柴鸡养殖田间学校学员发言，介绍了参加田间学校学习的感受，采纳应用培训技术对生产水平和经济效益带来的变化。

会后市、区领导、辅导员以及学员代表观看了田间学校成果展。

3.4 接待市农业局和市畜牧总站领导观摩调研

7 月 11 日北京市农业局领导到流村镇柴鸡养殖农民田间学校调研。市农业局马荣才副局长同农民进行了交流。

3.5 培养科技示范户

田间学校确定了蔡秀花、付振宇和王海文三户畜禽科技示范户进行培养，2008 年全年对示范户跟踪走访及入户指导 30 余次，推广示范了隐蔽式产蛋箱、栖息架、光照制度、育雏技术、挑选不产蛋鸡和预防蛔虫病等 6 项实用技术。每户示范户增加经济收入近 1 万元。

4 培训效果

4.1 两次票箱测试结果显示培训效果明显

通过对两次票箱测试结果进行对比，平均成绩由开学前的 62.7 分，到结业时达到 81.4 分，提高了 19 分，而且成绩相对比较集中，最低分也达到了 70 分，票箱测试显示达到了田间学校预期培训目标。

4.2 技术采纳和产生的经济效益

（1）提高柴鸡产蛋率10%左右。60%的学员能够正确采纳柴鸡配合饲料和光照制度两项技术，学校建立之初调研，冬季柴鸡产蛋率平均约20%，采纳综合性措施可提高产蛋率到30%，王海文、付振宇等个别养殖户可达到40%。学员中有2万只鸡年可增加产蛋6 000千克，直接增加经济收入10余万元。

（2）提高柴鸡成活率15%。王海文、张翠兰、付振宇、王学祥和王小续5户养殖专业户采纳了厚垫料育雏技术，成活率均达到95%。学校建立之初调研，育雏水平参差不齐，水平高的能达到90%以上，低水平的育雏成活率不足50%。田间学校促进了学员的联合育雏，付振宇、王学祥以及王海文年育雏合计3.5万只（大部分外售），联合育雏不但提高了雏鸡的成活率还降低了柴鸡养殖的劳动强度和养殖风险。

（3）典型技术提高了养殖经济效益。挑选不产蛋鸡技术80%的学员都能够正确运用，学员贺德君对自己1 000只鸡进行了挑选，挑选前每天产11千克鸡蛋，挑选后淘汰了400只鸡仍然产11千克鸡蛋，每只鸡每月饲料费用7.5元，每月可间接增加经济收入3 000元。全班28名学员共饲养柴鸡31 830只鸡，采用该项技术对鸡群进行整理，按淘汰率30%计算可淘汰近10 000只鸡，每个月可间接增加经济收入7.5万元。自10月初开始淘汰，至次年2月春节止，5个月可增加经济收入40余万元。

4.3 田间学校的社会效益

（1）创新了田间学校培训方法——“图片集模拟教学”。该教学方法是根据畜牧业农民田间学校行业特点，克服了观摩时传染疫病的风险，在田间学校培训过程中总结出来的一种参与式培训方法。该方法利用“图片集”代替现场观摩，作为辅助教学的工具来模拟现实场景，是向农民传播知识和技能的一种新的有效的培训方法。这种方法形象、生动，虽然农民田间学校的学员不在现场，但却犹如身临其境，给人以现场实际观摩的感受、提示和启发。流村镇柴鸡养殖农民田间学校前后9次采用了该种培训方法，并将培训总结的“图片集”作为技术资料发放给农民，实践证明培训效果明显。

（2）总结田间学校成果，编辑出版著作。将流村镇田间学校的图片集以及其他技术资料综合起来，于2011年12月出版了《散养蛋鸡实用养殖技术》。

通过柴鸡和生猪养殖农民田间学校的实践，对该方法进行总结和提炼，于 2012 年编辑出版了《“图片集”模拟教学》。

（3）总结技术和经验发明专利产品。对田间学校培训内容进行总结和提炼自 2009 年开始发明了“禽产蛋装置”、“鸡栖息装置”和“家禽绑定带”三项专利产品。家禽产蛋装置在北京市平谷区、海淀区和昌平区进行了推广。

专家点评：

（1）当一期农民田间学校培训结束后进行培训过程的总结，有助于总结经验，发现问题，再接再厉。

（2）在活动日最初和活动日结束应用票箱测试很好，可以检查学员学习后对知识技能的理解率。如果能够随时注意跟踪和记录学员对相关技术的应用率会更好。

(3) 当描述学员培训后的效益时，需有充分详细和科学的调查计算作为根据，这样才有说服力。

(4) 当一期的培训结束以后，需要在总结这一期的培训过程和成果的基础上，提出接下来的活动计划或延续培训的想法。

附录1　北京农民田间学校票箱测试题目（参考）*

一、种植业①

（一）瓜果蔬菜类

1.1　栽培技术

1. 种植番茄，为什么不能在棚内吸烟？（B）
   A. 怕烟熏苗　　B. 怕传播烟草花叶病毒　　C. 防火
2. 番茄定植时，棚内10厘米土温必须稳定在（B）
   A. 5℃以上　　B. 10℃以上　　C. 15℃以上
3. 蹲苗期间的管理措施是（A）
   A. 控制肥水　　B. 施肥　　C. 浇水
4. 设施栽培的特点（C）
   A. 光照强　　B. 温度低　　C. 湿度大
5. 以下哪种气体不是日光温室中的有害气体？（B）
   A. 氨气　　B. 二氧化碳　　C. 亚硝酸气体
6. 蔬菜生产中遮阳网应选用遮光率（B）
   A. 35%～40%　　B. 55%～60%　　C. 75%～80%
7. 冬季育苗畦应设置在温室的（C）
   A. 东西两头　　B. 南北两侧　　C. 中间
8. 下列哪种不是常见的农用塑料大棚棚膜材料（C）
   A. 聚乙烯　　B. 聚氯乙烯　　C. 聚苯乙烯

---

* 应用实际典型症状做题型测验学员的辨识能力本来是票箱测试中一种比较常用的方法，但本册在编辑过程中发现由于选择的图片及印刷问题不理想，故删去了部分相关题目，特此说明。参考答案附在题目后面括号内。

① 本部分由北京市农业技术推广站、植物保护站整理。

9. 日光温室早晨一般二氧化碳的浓度大致为（C）

A. 300～500 毫升/立方米

B. 1 000 毫升/立方米

C. 100 毫升/立方米

10. 茄子属于哪种作物？（A）

A. 不耐寒　　B. 耐低温　　C. 喜弱光照

11. 下列哪些作物不需要授粉也能正常结果？（C）

A. 番茄　　B. 黄瓜　　C. 西葫芦

12. 黄瓜属于哪种作物？（A）

A. 不耐寒　　B. 耐低温　　C. 喜弱光照

13. 番茄属于哪种作物？（A）

A. 不耐寒　　B. 耐低温　　C. 喜弱光照

14. 油菜、菠菜等属于哪种作物？（B）

A. 不耐寒　　B. 耐低温　　C. 喜强光照

15. 番茄定植地温必须稳定在（B）

A. 5℃以上　　B. 10℃以上　　C. 12℃以上

16. 黄瓜定植地温必须稳定在（B）

A. 5℃以上　　B. 10℃以上　　C. 12℃以上

17. 菠菜属于（A）

A. 耐寒性蔬菜　　B. 半耐寒性蔬菜　　C. 喜温性蔬菜

18. 茄果类、瓜类蔬菜属于（C）

A. 耐寒性蔬菜　　B. 半耐寒性蔬菜　　C. 喜温性蔬菜

19. 大白菜、甘蓝、萝卜、芹菜和莴笋属于（B）

A. 耐寒性蔬菜　　B. 半耐寒性蔬菜　　C. 喜温性蔬菜

20. 冬瓜、丝瓜、豇豆、扁豆、蕹菜、苋菜等属于（B）

A. 耐寒性蔬菜　　B. 耐热性蔬菜　　C. 喜温性蔬菜

21. 大白菜和菠菜属于（A）

A. 种子春化型蔬菜　　B. 绿体春化型蔬菜

22. 洋葱、大葱、大蒜、芹菜属于（B）

A. 种子春化型蔬菜　　B. 绿体春化型蔬菜

23. 小白菜和菠菜的生育适温（A）

A. 15～20℃　　B. 18～25℃　　C. 20～30℃

24. 黄瓜、番茄、辣椒的生育适温（C）

A. 15～20℃　B. 18～25℃　C. 20～30℃

25. 冬瓜、丝瓜、豇豆、扁豆、蕹菜、苋菜等生育适温（B）

A. 18～25℃　B. 20～30℃　C. 30℃以上

26. 下列哪种蔬菜属于浅根系蔬菜（A）

A. 马铃薯　B. 西葫芦　C. 南瓜

27. 下列哪种蔬菜属于中等深根蔬菜（C）

A. 芹菜　B. 黄瓜　C. 萝卜

28. 下列哪种蔬菜属于中等深根蔬菜（C）

A. 洋葱　B. 辣椒　C. 番茄

29. 黄瓜、西葫芦生长中适宜的空气相对湿度为（B）

A. 85%～90%　B. 70%～80%　C. 55%～65%

30. 番茄生长中适宜的空气相对湿度为（C）

A. 85%～90%　B. 70%～80%　C. 55%～65%

31. 下列蔬菜根系最为发达的是（C）

A. 甜椒　B. 黄瓜　C. 南瓜

32. 低温春化后，大白菜抽薹需要的条件为（C）

A. 长日照　B. 短日照　C. 对光照不敏感

33. 早熟西瓜一般从播种到采收少于____天？（C）

A. 100　B. 95　C. 90

34. 以下哪种类型的西瓜生育期最短（C）

A. 以京欣一号为代表的中果型有籽西瓜

B. 以暑宝为代表的大型无籽西瓜

C. 以红小帅为代表的小果型有籽西瓜

35. 浸种催芽的适宜水温为（B）

A. 20～25℃　B. 40～60℃　C. 80～100℃

36. 下列哪种作物育苗时不宜多次移苗？（C）

A. 番茄　B. 甜椒　C. 黄瓜

37. 苗期蹲苗过渡易造成？（A）

A. 花打顶　B. 高脚苗　C. 猝倒病

38. 炼苗时不能采取的措施为？（B）

A. 适当控水　B. 提高温度　C. 降低温度

39. 嫁接黄瓜采用插接法应？(B)

A. 先播黄瓜　　B. 先播南瓜　　C. 同时播种

40. 嫁接黄瓜采用靠接法应？(A)

A. 先播黄瓜　　B. 先播南瓜　　C. 同时播种

41. 大中小棚蔬菜春提前栽培的放风原则（B）

A. 时间由长到短　　B. 时间由短到长　　C. 风口由大到小

42. 秋大棚蔬菜生产的放风原则（A）

A. 时间由长到短　　B. 时间由短到长　　C. 风口由小到大

43. 冬季降雪天，是否应揭开草帘子（B）

A. 不能揭开　　B. 适当揭开　　C. 照常揭开

44. 番茄生产中当侧杈长至多少厘米时，进行整枝打杈？(B)

A. 出现就打　　B. 5～10 厘米　　C. 20 厘米

45. 番茄裂果的主要原因是？(B)

A. 光照过强　　B. 浇水不匀　　C. 缺镁元素

46. 番茄首次追肥的时间（B）

A. 开花期　　B. 第一穗果核桃大小时

C. 第一穗果采收后

47. 番茄生产中一般追肥的次数（B）

A. 1～2 次　　B. 2～4 次　　C. 5～6 次

48. 韭菜定植苗龄最适几个叶片（A）

A. 5～6 片　　B. 8～10 片　　C. 10 片以上

49. 韭菜定植当年管理的重点（A）

A. 养根壮秧　　B. 促使生长　　C. 及时采收

50. 韭菜的主要虫害是（A）

A. 根蛆　　B. 蚜虫　　C. 白粉虱

51. 韭菜在温度高于多少的时候不利于其生长（B）

A. 25℃　　B. 30℃　　C. 35℃

52. 韭菜春播育苗最适的月份（A）

A. 4 月　　B. 5 月　　C. 6 月

53. 韭菜分蘖属于（C）

A. 营养生长　　B. 生殖生长

C. 既属于营养生长也属于生殖生长

54. 西葫芦育苗覆土厚度是（B）

A. 0.5～1 厘米　B. 1.5～2 厘米　C. 2～4 厘米

55. 温室西葫芦种植密度是每亩（A）

A. 1 000～2 000 株　B. 500～800 株　C. 3 000 株以上

56. 西葫芦生长发育需要的温度比黄瓜（A）

A. 高　B. 低　C. 相同

57. 芹菜浸种的时间是（C）

A. 5～6 小时　B. 8 小时　C. 24 小时

58. 芹菜种子发芽的适宜温度是（B）

A. 23～30℃　B. 15～18℃　C. 10～15℃

59. 芹菜生长白天的适宜温度为（C）

A. 20～25℃　B. 25～30℃　C. 15～20℃

60. 蔬菜生长发育需要以下条件（C）

A. 温度、水分　B. 温度、营养

C. 温度、水分、光照、营养和空气

61. 在各生长条件中，哪种条件为调节的核心（A）

A. 温度　B. 光照　C. 水分

62. 在平衡施肥时，应做到配合施用（C）

A. 氮肥　B. 氮、磷肥

C. 氮、磷、钾、微量元素

63. 油菜适宜的采收期是（ A ）

A. 绿熟期　B. 黄熟期　C. 完熟期

64. 生产过程中防治蚜虫一般采用哪种颜色的粘板（A）

A. 黄色　B. 蓝色　C. 黑色

65. 豆角播种过程中，如果种子直接接触有机肥会导致（A）

A. 种子腐烂　B. 作物苗期生长过旺

C. 高产

66. 春大棚黄瓜应选择品种（A）

A. 早熟　B. 中熟　C. 晚熟

67. 春大棚黄瓜适宜的播种期（C）

A. 2 月上旬　B. 2 月中旬　C. 2 月下旬

68. 春大棚黄瓜的定植时间（A）

A. 3月中旬　　B. 3月下旬　　C. 4月初

69. 秋大棚黄瓜的适宜播种期（B）

A. 7月初　　B. 7月中旬　　C. 7月底

70. 盛夏生产油菜、菠菜等必须采取哪种措施？（C）

A. 黄板　　B. 防虫网　　C. 遮阳网

71. 萝卜抽薹的主要原因为？（A）

A. 播种期温度过低　　B. 水分不足

C. 缺少肥料

72. 你认为哪种是正确的有机培肥保墒技术？（A）

A. 平衡施肥　　B. 只施用有机肥　　C. 生粪直接使用

73. 地膜覆盖的作用（A）

A. 节水、提高地温，防治杂草

B. 浪费水　　C. 不经济

74. 采用滴灌系统的作用？（A）

A. 节水、肥水一体化，减少病害发生

B. 浪费水

C. 更易生长杂草

75. 滴灌带的正确铺设方法是？（B）

A. 随意铺设　　B. 将滴孔方向朝上

C. 将滴孔方向朝下

76. 番茄适宜的栽培畦式？（C）

A. 平畦　　B. 垄畦　　C. 小高畦

77. 蔬菜采收的最佳时间？（A）

A. 早晨　　B. 中午　　C. 下午

78. 冬季蔬菜生产中浇水的适宜时间？（A）

A. 上午　　B. 中午　　C. 傍晚

79. 夏天蔬菜生产中浇水的适宜时间？（C）

A. 上午　　B. 中午　　C. 傍晚

80. 冬季蔬菜生产中定植的适宜时间？（A）

A. 晴天上午　　B. 晴天中午　　C. 傍晚

81. 夏天蔬菜生产中定植的适宜时间？（C）

A. 晴天上午　　B. 晴天中午　　C. 傍晚

82. 春茬辣椒苗龄一般在____天以上？（B）

A. 30　　B. 80　　C. 120

83. 辣椒育苗用磷酸三钠浸种浓度为？（A）

A. 10%　　B. 20%　　C. 30%～50%

84. 辣椒种子在什么条件下容易出芽？（A）

A. 黑暗　　B. 强光照　　C. 中等光照

85. 辣椒生长发育的最适宜空气湿度是？（A）

A. 60%～80%　　B. 50%～60%　　C. 80%～90%

86. 甜椒浇水应采取什么方式？（C）

A. 大水漫灌　　B. 小水勤灌　　C. 干透再浇

87. 甜椒栽培对光照的需求？（B）

A. 强光　　B. 中等光照　　C. 弱光

88. ______在催芽前需进行破壳处理。（A）

A. 无籽西瓜　　B. 小果型有籽西瓜

C. 大中果型有籽西瓜

89. 栽种______时必须配置授粉品种，提供花粉？（B）

A. 黑皮西瓜　　B. 无籽西瓜　　C. 小果型西瓜

90. 无籽西瓜催芽的适宜温度一般为？（B）

A. 25～27℃　　B. 29～31℃　　C. 33～35℃

91. 西瓜发芽不齐时，取出催好的芽放于____条件下，抑制芽的伸长，待发芽齐时再播？（A）

A. 15℃　　B. 25℃　　C. 30℃

92. 西瓜种子播种前，通过______不能显著提高种子的发芽率。（B）

A. 晒种　　B. 闷种　　C. 浸种催芽

93. 西瓜在进行春季保护地栽培，当幼苗长到______时是定植的最佳时期。（C）

A. 一叶一心　　B. 二叶一心　　C. 三叶一心

94. 在西瓜苗期，遇到下列哪种情况易出现高脚苗？（A）

A. 高温弱光　　B. 低温干旱　　C. 低温高湿

95. 西瓜在进行春季保护地栽培时，一般通过______来减少定植后的缓苗时间。（C）

A. 高温练苗　　B. 高湿练苗　　C. 低温练苗

96. 从需肥量来看，西瓜的嫁接苗与自根苗相比要？（A）

A. 高　　B. 相等　　C. 少

97. 西瓜的嫁接苗不具备以下哪项优点？（C）

A. 有效抑制土传病害

B. 提高产量　　C. 改善西瓜品质

98. 种子摘帽一般适宜在____进行。（A）

A. 清晨　　B. 中午　　C. 傍晚

99. 西瓜在进行直播栽培时，一般______即可定苗。（B）

A. 子叶刚展平　　B. 一叶一心　　C. 两叶一心

100. 在西瓜春季茬口，欲使西瓜在5月底6月初上市，选用日光温室一般应在______定植。（A）

A. 2月中下旬　　B. 3月中下旬　　C. 4月中下旬

101. ______是西瓜整个生育期中最需水肥的时期。（C）

A. 团棵期　　B. 变瓤期　　C. 膨瓜期

102. 为增加西瓜产量，一般选在______处坐果。（B）

A. 第三道瓜　　B. 第二道瓜　　C. 第一道瓜

103. 生产上为尽量保证西瓜能够提前上市，一般选留______坐果。（B）

A. 第一道瓜　　B. 第二道瓜　　C. 侧蔓第一道瓜

104. 在使用坐果灵辅助西瓜授粉时，以下哪种说法是错误的？（C）

A. 避免高温　　B. 现配现用　　C. 不必考虑浓度

105. 一般幼瓜为______时，基本可确定西瓜坐住。（B）

A. 乒乓球大小　　B. 鸡蛋大小

C. 刚授完粉后一天

106. 西瓜保护地立架栽培，一般主蔓长约______时即开始引蔓上架。（B）

A. 30厘米　　B. 60厘米　　C. 90厘米

107. 西瓜侧蔓达到____长时，一般需对植株进行整枝调整。（A）

A. 10厘米　　B. 30厘米　　C. 50厘米

108. 西瓜的人工授粉一般在____进行。（A）

A. 上午　　B. 中午　　C. 傍晚

109. 黑色地膜不具备下列哪种功能？（C）

A. 除草　　B. 增温　　C. 通风透光性好

110. 选用靠接法进行西瓜嫁接育苗时，应先在砧木下胚轴靠子叶

______处，用刀向下作______角斜切。(A)

A. 1.0～1.5 厘米，30

B. 1.5～2 厘米，45

C. 1.5～2 厘米，60

111. 用劈接法进行西瓜嫁接育苗时，接穗口的深度一般应达到下胚轴横径的______ (A)

A. 1/3 处　B. 1/2 处　C. 2/3 处

112. 坐果期植株生长过旺时，一般应在坐果节位______捏伤瓜蔓，抑制营养生长。(A)

A. 后 1 节处　B. 叶柄处　C. 前 4 节处

113. 下列选项中，哪一个不会造成西瓜空心？(A)

A. 感染病毒病　B. 氮肥施用过多　C. 过熟采收

114. 西瓜嫁接栽培的最主要目的是？(B)

A. 提高产量　B. 防治枯萎病　C. 改善品质

115. 西瓜用什么砧木嫁接对品质的影响较小？(B)

A. 南瓜　B. 葫芦　C. 冬瓜

116. 西瓜生产中，你主要从哪些方面考虑施肥量的？(A)

A. 根据植株生长需要B. 想施多少施多少　C. 大水大肥

117. 西瓜生产中，主蔓哪个节位座瓜最好？(B)

A. 第一雌花　B. 第 2、3 雌花　C. 第 4、5 雌花

118. 能够起到提高西瓜甜度作用的肥料是？(C)

A. 氮肥　B. 磷肥　C. 钾肥

119. 西瓜果实的含糖量应该如何测定？(B)

A. 品尝后凭感觉　B. 用测糖仪　C. 目前没有方法可以测定

120. 下列选项中容易造成西瓜脱水的是？(A)

A. 温湿度剧烈变化　B. 光照不足　C. 采收过晚

121. 对于种植西瓜来说，多长时间的种子最好？(A)

A. 一年以内　B. 二至三年　C. 五年左右

122. 发育正常的成熟西瓜果实（京欣一号）中心含糖量一般为？(B)

A. 2%～5%　B. 9%～12%　C. 20%～25%

123. 小型西瓜地爬栽培（700 株/亩），留蔓方式应为？(C)

A. 单蔓　B. 双蔓　C. 3～4 条蔓

124. 用顶插接法嫁接西瓜，砧木与接穗播种的间隔期为？（B）

A. 1～2 天　B. 一周左右　C. 半个月

125. 银灰地膜具有什么特殊作用？（A）

A. 驱避蚜虫　B. 除草

C. 与其他地膜没有差别

126. 大棚种植秋茬西瓜，在什么时候播种比较合适？（B）

A. 上茬瓜（菜）收获后就播种

B. 7 月上、中旬　C. 8 月上、中旬

127. 以下哪种蔬菜产品质量要求最高？（C）

A. 无公害蔬菜　B. 绿色蔬菜　C. 有机蔬菜

128. 蔬菜的主要污染物？（A）

A. 农药残留　B. 各种维生素　C. 铁

129. 蔬菜硝酸盐、亚硝酸盐污染的原因？（A）

A. 氮肥使用过量　B. 磷肥使用过量　C. 钾肥使用过量

130. 菜田应远离？（B）

A. 学校　B. 医院　C. 居民区

131. 下面哪个属于蔬菜的品质？（A）

A. 口感　B. 抗病性　C. 产量

132. 彩椒生长过程中，应留几个主杈？（C）

A. 3 个　B. 4 个

C. 根据种植密度留

133. 种植彩椒最好的土壤是？（C）

A. 砂土　B. 黏土　C. 壤土

134. 生产过程中怎样才能做到平衡施肥？（C）

A. 多施氮肥　B. 多施磷钾肥

C. 氮、磷、钾和微量元素

135. 保护地蔬菜生产中浇水的适宜时间？（A）

A. 晴天上午　B. 晴天中午　C. 傍晚

136. 滴灌设备中总过滤器每隔多少天应清洗一次？（B）

A. 30～50 天　B. 10～15 天　C. 20～40 天

137. 使用滴灌施肥时正确的方法是？（A）

A. 施肥前应先滴半小时清水，再施肥。施肥后再滴半小时清水。

B. 施肥前不滴清水，直接滴肥，施肥后滴半小时清水。

C. 施肥前后无须滴清水。

138. 适用于滴灌施肥的氮肥有？（B）

A. 硫酸钾　　B. 硫酸铵　　C. 氯化钾

139. 保持瓜田持续高产的方法是？（B）

A. 多施尿素　　B. 农家肥与化肥混施，即平衡施肥

C. 多施普钙

140. 西瓜嫁接栽培的主要目的是？（B）

A. 提高产量　　B. 防治枯萎病　　C. 改善品质

141. 西红柿生长过程中墒情适合的表现是？（A）

A. 清晨西红柿上部叶片上有3～4滴水滴

B. 清晨西红柿上部叶片上没有水滴

C. 清晨西红柿上部叶片上有1～2滴水滴

142. 西甜瓜收获后，植株病残体应该？（C）

A. 随意扔在地头

B. 放在地里不管它

C. 带出田外集中销毁

143. 你认为下列哪种是正确的有机培肥保墒技术？（A）

A. 平衡施肥　　B. 只施用有机肥　　C. 生粪直接施用

144. 地膜覆盖的作用是？（A）

A. 节水、提高地温，防止杂草

B. 浪费水　　C. 不经济

145. 采用滴灌系统的作用是？（A）

A. 节水、肥水一体化，减少病害发生

B. 浪费水　　C. 更易生长杂草

146. 施用化肥具有改良土壤、培肥保墒的作用吗？（B）

A. 不清楚　　B. 我认为不准确　　C. 我认为正确

147. 下列哪个不是灌溉节水技术的特点？（B）

A. 提高水分利用效率

B. 对地型适应能力弱

C. 减少灌溉劳动强度

148. 使用滴灌技术要求？（A）

A. 少量多次　　B. 可通过延长时间，多灌水

C. 可不限量

149. 滴灌所使用的肥料？（A）

A. 应为完全速溶的　　B. 不完全速溶的

C. 什么样的肥料都可以

150. 下列哪些技术是农业节水技术？（A）

A. 地膜覆盖，有机培肥保墒

B. 大水漫灌　　C. 只施化肥

151. 下列哪个不属于覆盖保墒技术？（C）

A. 果园生草覆盖　　B. 地膜覆盖

C. 蔬菜地生草覆盖

152. 西瓜生产中，一般以怎样的留果节位为最好？（B）

A. 主蔓或侧蔓第一雌花

B. 主蔓或侧蔓第 2、3 雌花

C. 主蔓或侧蔓第 4、5 雌花

153. 您认为正确的滴灌时间为？（A）

A. 根据作物的需水情况一般每次滴 1.5～2 小时，每隔 2～3 天滴一次，夏天和干旱时可每天滴一次

B. 应滴 8 小时　　C. 不收钱随便滴

154. 滴灌带的正确铺设方法是？（B）

A. 随意铺设　　B. 将滴孔方向朝上

C. 将滴孔方向朝下

155. 冬茬番茄选择品种不应具备下列哪种特性？（C）

A. 耐低温、耐弱光　　B. 抗逆性强　　C. 耐热

156. 温汤浸种处理中，正确的操作方法是（A）

A. 用 53～55℃的热温水浸种 15～20 分钟，不断搅拌并适量加入开水，以保证水温稳定在 55℃

B. 用 53～55℃的热温水浸种 20～30 分钟

C. 用 53～55℃的热温水浸种 40～50 分钟

157. 常用的高锰酸钾种子消毒法，高锰酸钾稀释的倍数是？（B）

A. 100 倍　　B. 1 000 倍　　C. 10 000 倍

158. 下列哪项不是地膜覆盖保墒技术的优点？（C）

A. 提高土壤温度、增强光合作用

B. 减少土壤水分蒸发和提高土壤养分利用率

C. 提高土壤肥力

159. 下列哪项措施不能提高灌水质量？（C）

A. 改长畦为短畦　　B. 改宽畦为短畦　　C. 大水漫灌

160. 保水剂正确的使用方法？（B）

A. 随水施入地中　　B. 随肥料或干土拌匀施入地中

C. 不知道

161. 黄瓜的耐盐性好吗？（B）

A. 好　　B. 不好　　C. 不知道

1.2　植物保护类

1. 蔬菜生产中防虫网应选用？（B）

A. 10 目　　B. 50 目　　C. 30 目

2. 危害番茄的主要害虫是？（A）

A. 棉铃虫　　B. 菜青虫　　C. 小菜蛾

3. 吊丝虫是什么虫？（C）

A. 菜青虫　　B. 蚜虫　　C. 小菜蛾

4. 吊丝虫的____危害作物。（A）

A. 幼虫　　B. 成虫　　C. 蛹

5. 大棚内悬挂黄板的作用？（A）

A. 诱杀害虫　　B. 趋避害虫　　C. 反光

6. 田间安装黑光灯的作用？（A）

A. 诱杀害虫　　B. 趋避害虫　　C. 照明

7. 棉铃虫是危害番茄的主要害虫，它主要是？（C）

A. 吃叶　　B. 吃茎　　C. 蛀果

8. 防治细菌性病害、真菌性病害、病毒病的药剂是？（B）

A. 用同样的药剂　　B. 用不同的药剂　　C. 不知道

9. 预防病毒病的发生首先应该？（C）

A. 打杀菌剂　　B. 打杀虫剂　　C. 防治蚜虫

10. 传播病毒病的昆虫是？（A）

A. 蚜虫　　B. 菜青虫　　C. 所有的昆虫

11. 应用黄板诱杀害虫时，黄板应悬挂在？（A）

A. 始终高于作物顶端 10 厘米（随时调节）

B. 固定离地面 30 厘米

C. 固定悬挂于棚顶

12. 番茄上的主要病害是？（A）

A. 叶霉病　　B. 霜霉病　　C. 炭疽病

13. 蔬菜收获后，植株病残体应该？（C）

A. 随意扔在棚里　　B. 放在棚外不管它

C. 带出棚外集中销毁

14. 圆白菜黑腐病属于？（B）

A. 病毒病害　　B. 细菌性病害　　C. 真菌性病害

15. 食用菌菌棒局部发黑，有腥味，无霉菌斑，属于下列何种原因？（A）

A. 虫害　　B. 细菌性病害　　C. 菌棒水分过多

16. 菌落中心出现明显的绿色或暗绿色粉状霉层，边缘菌丝灰白色的杂菌是什么？（B）

A. 根霉　　B. 木霉（绿霉）　　C. 青霉

17. 番茄灰霉病是？（C）

A. 病毒病害　　B. 细菌性病害　　C. 真菌性病害

18. ______是为害番茄果实的害虫。（C）

A. 蚜虫　　B. 白粉虱　　C. 棉铃虫

19. 菜青虫的最佳防治时期？（A）

A. 幼虫　　B. 蛹　　C. 成虫

20. 根结线虫病主要为害？（B）

A. 茎　　B. 根　　C. 叶子

21. 疮痂病属于？（C）

A. 真菌病害　　B. 生理病害　　C. 细菌病害

22. 黄瓜白粉虱防治最佳时间？（A）

A. 早上有露水时　　B. 中午温度高时　　C. 下午

23. 根结线虫病是？（A）

A. 土传病害　　B. 气流传播　　C. 细菌病害

24. 蝴蝶的幼虫是？（A）

A. 菜青虫　　B. 棉铃虫　　C. 瓢虫

25. 黄瓜灰霉病是？（A）

A. 真菌病害　　B. 细菌病害　　C. 生理病害

26. 传播病毒病的害虫？（A）

A. 蚜虫　　B. 菜青虫　　C. 蝗虫

27. 下列哪种是土传病害？（A）

A. 根结线虫　　B. 灰霉病　　C. 早疫病

28. 蛀食番茄果实的虫子是？（C）

A. 菜青虫　　B. 二十八星瓢虫　　C. 棉铃虫

29. 菌核病发病条件？（B）

A. 高温高湿　　B. 低温高湿　　C. 低温低湿

30. 瓜类作物枯萎病是？（C）

A. 生理病害　　B. 细菌病害　　C. 真菌病害

31. 韭菜生长过程中发生最严重的害虫是？（B）

A. 根结线虫　　B. 韭菜根蛆　　C. 菜青虫

32. 韭菜根蛆主要在______时间发生。（C）

A. 春季　　B. 秋季　　C. 春秋两季

33. 斑潜蝇为害作物叶片的虫态是？（A）

A. 幼虫　　B. 成虫　　C. 不知道

34. （菜青虫）老了会变成？（C）

A. 夜蛾　　B. 瓢虫　　C. 菜粉蝶

35. 瓢虫吃下面哪种害虫？（C）

A. 斑潜蝇　　B. 蚂蚁　　C. 蚜虫

36. 西瓜嫁接是预防？（C）

A. 蔓枯病　　B. 叶霉病　　C. 枯萎病

37. 线虫病害属于？（B）

A. 生理病害　　B. 土传病害　　C. 细菌病害

38. 哪种属于地下害虫？（B）

A. 甜菜夜蛾　　B. 蝼蛄　　C. 菜青虫

39. 什么情况下霜霉病容易发生？（A）

A. 高湿低温　　B. 高温高湿　　C. 氮肥过大

40. 引发生菜干烧病的主要原因？（A）

A. 缺钙　　B. 生长过快　　C. 氮肥不足

41. 诱发番茄脐腐病的原因？（A）

A. 缺钙　　B. 氮肥不足　　C. 钾肥不足

42. 什么环境下灰霉病容易发生？（A）

A. 低温高湿　　B. 高温高湿　　C. 高温低湿

43. 蛀食番茄果实害虫的有？（A）

A. 棉铃虫　　B. 菜青虫　　C. 斜纹夜蛾

44. 棉铃虫是为害番茄的主要害虫，它主要是？（C）

A. 吃叶　　B. 吃茎　　C. 蛀果

45. 番茄感染根结线虫的主要症状是？（C）

A. 叶片萎蔫　　B. 叶片发黄甚至干枯

C. 植株根部形成根结

46. 什么虫子吃蚜虫？（A）

A. 七星瓢虫　　B. 蚂蚱　　C. 金龟子

47. 七星瓢虫是？（B）

A. 害虫　　B. 天敌　　C. 中性昆虫

48. 下列虫子哪个是益虫？（A）

A. 七星瓢虫　　B. 蚜虫　　C. 菜青虫

49. 菜田常见蚜虫的天敌是？（C）

A. 二十八星瓢虫　　B. 负泥虫　　C. 七星瓢虫

50. 菜田中放的性引诱剂盆诱杀的是小菜蛾的______。（B）

A. 雌性成虫　　B. 雄性成虫　　C. 幼虫

51. 作物—病虫—天敌—环境之间的关系是？（C）

A. 相互依存　　B. 相互制约

C. 相互依存、相互制约

52. 病虫害防治的指导方针是？（B）

A. 预防为主　　B. 预防为主，综合防治　　C. 合理用药

53. “IPM”是什么意思？（A）

A. 综合防治　　B. 病虫防治技术　　C. 无公害农产品

54. 番茄田里发生晚疫病时，首先采取的措施是？（A）

A. 拔出中心病株　　B. 喷施多菌灵　　C. 任其自然

55. 防治鼠害的最佳办法是？（C）

A. 使用毒鼠强　　B. 任其自然

C. 养猫或用溴敌隆建毒饵站

56. 控制蔬菜病虫害优先选择的防治措施？（A）

A. 农业综合防治　　B. 化学农药防治　　C. 生物防治

57. 防治病虫害要遵循的方针是？（B）

A. 以农药为主　　B. 预防为主，综合防治　　C. 两者均可

58. 综合防治是？（A）

A. 采取多种防控手段控制病虫害

B. 农药防治　　C. 土壤消毒

59. 当你田里有了害虫你该如何？（A）

A. 看害虫有多少再决定是否防治

B. 打药　　C. 不管它

60. 菜田发生病毒病时宜采取的措施是？（A）

A. 拔除病株　　B. 任其自然　　C. 喷施多菌灵

61. 蔬菜收获后，植株病残体应该？（C）

A. 随意扔在地里　　B. 放在地头

C. 带出田外集中销毁

62. 种植彩椒，为什么不能在棚内吸烟？（B）

A. 怕烟熏苗　　B. 怕传播烟草花叶病毒　　C. 防火

63. 辣椒在保护地栽培过程中防治白粉虱在什么时间喷药效果最佳？（A）

A. 清晨　　B. 中午　　C. 下午

64. 下列哪种害虫传播辣椒病毒病？（C）

A. 棉铃虫　　B. 地老虎　　C. 蓟马

65. 辣椒的主要虫害为？（B）。

A. 烟青虫　　B. 棉铃虫　　C. 蚜虫

66. 下列哪种病害最易在西瓜苗期发生？（B）

A. 炭疽病　　B. 猝倒病　　C. 病毒病

67. 西瓜生产中治理蚜虫时，应着重对______进行喷药。（C）

A. 近根处的茎部　　B. 叶面　　C. 叶背

68. 目前在重茬地西瓜生产中，防治枯萎病最有效的方法是？（C）

A. 发病前灌根施药预防

B. 选用抗病品种

C. 嫁接育苗

69. 治理西瓜病虫害的原则为？（C）

A. 不发病时不需打药

B. 发病严重时施猛药治理

C. 预防为主

70. 病毒病主要由哪种昆虫传播？（C）

A. 棉铃虫　　B. 红蜘蛛　　C. 蚜虫

71. 蔬菜生产中防虫网的应用属于？（B）

A. 化学防治　　B. 物理防治　　C. 生物防治

72. 蔬菜收获后，植株病残体应该？（C）

A. 随意扔在地头　　B. 放在地里不管它

C. 带出田外集中销毁

73. 种植彩椒，为什么不能在棚内吸烟？（B）

A. 怕烟熏苗　　B. 怕传播烟草花叶病毒　　C. 防火

74. 蔬菜收获后，植株病残体应该？（C）

A. 随意扔在棚里　　B. 放在棚外不管它

C. 带出棚外集中销毁

75. 下列选项中属于病毒病症状的是？（A）

A. 叶片皱缩或花叶　　B. 叶片出现白色粉状物　　C. 叶片出现黑点

76. 为害彩椒的主要害虫是？（A）

A. 烟青虫　　B. 菜青虫　　C. 小菜蛾

77. 烟青虫是为害采椒的主要害虫，它主要是？（C）

A. 吃叶　　B. 吃茎　　C. 蛀果

78. 防治细菌性病害、真菌性病害、病毒病的药剂是？（B）

A. 用同样的药剂　　B. 用不同的药剂　　C. 不知道

79. 预防病毒病的发生首先应该？（C）

A. 打杀菌剂　　B. 打杀虫剂　　C. 防治蚜虫

80. 防治彩椒脐腐病的主要方法是？（A）

A. 叶面喷施微量元素钙

B. 叶面喷施微量元素钾

C. 叶面喷施微量元素硼

81. 防治彩椒筋腐病的主要方法是？（B）

A. 叶面喷施微量元素钙
B. 叶面喷施微量元素钾
C. 叶面喷施微量元素硼

1.3 安全用药类

1. 樱桃根癌病的防治药剂为?(B)
A. 多菌灵　B. K84　C. BT
2. 樱桃流胶病最佳防治时期?(A)
A. 早春发芽前　B. 开花后　C. 采收前
3. 防治果树虫害时禁止使用下列哪种农药?(C)
A. 敌敌畏　B. 毒死蜱　C. 甲胺磷
4. 下列农药中蔬菜上禁用的是哪一种?(B)
A. 吡虫啉　B. 甲胺磷　C. 农用链霉素
5. 禁止使用的农药是?(A)
A. 3911　B. 阿维菌素　C. 碧护
6. 防治蔬菜潜叶蝇应选用以下哪种农药?(C)
A. 草甘膦　B. 粉锈宁　C. 虫螨克
7. BT是?(B)
A. 化学农药　B. 生物农药　C. 混合型农药
8. BT是?(A)
A. 杀虫剂　B. 杀菌剂　C. 除草剂
9. 无公害香菇生产中，出菇后的病害防治不能使用下列哪种农药?(A)
A. 多菌灵　B. 托布津　C. 农用链霉素
10. 为促进香菇产量，可使用下列何种药剂?(B)
A. 2,4-D　B. 三十烷醇　C. 乙烯
11. 提前预防菇蝇等害虫，可在出菇室使用前可用下列哪种药剂熏蒸?(A)
A. 敌敌畏B　B. 20%杀灭菊酯乳剂　C. 鱼藤精
12. 菌棒发菌期防治链孢霉及绿霉可用下列何种药剂?(B)
A. 百菌清　B. 高效绿霉净　C. 农用链霉素
13. 褶霉病是指香菇菌褶出现粘连，且菌盖上产生深褐色斑点、变硬，应使用下列何种药剂防治?(A)
A. 托布津　B. 农用链霉素　C. 浓石灰水

14. 防治白粉虱最佳方法？（C）

A. 打杀虫剂　B. 挂黄板

C. 药剂、黄板、防虫网等综合措施

15. 黄板诱杀害虫是利用？（B）

A. 黄板有气味　B. 害虫有趋黄性　C. 黄板有机油

16. 防治番茄晚疫病用？（B）

A. 扑海因　B. 克露　C. 农用链霉素

17. 农药展着剂的作用是？（A）

A. 提高药效　B. 增强农药附着力　C. 延长药效

18. 物理防治白粉虱用？（A）

A. 挂黄板加防虫网　B. 打生物农药　C. 喷化学农药

19. 黄板诱杀的害虫有？（B）

A. 菜青虫　B. 白粉虱、蚜虫　C. 蝗虫

20. 赤霉素是？（A）

A. 植物生长调节剂　B. 杀虫剂　C. 杀菌剂

21. 防治菌核病用？（A）

A. 速克灵　B. 克露　C. 新植霉素

22. 茴香播后苗前锄草用？（C）

A. 闲锄　B. 乙草胺　C. 除草通

23. 防治根结线虫用？（A）

A. 福气多　B. 吡虫啉　C. 辛硫磷

24. 下列哪种农药是蔬菜上禁用农药？（B）

A. 辛硫磷　B. 氧化乐果

C. 高效氯氰菊酯

25. 防治灰霉病用下列哪种药剂效果最好？（C）

A. 百菌清　B. 杀毒矾　C. 速克灵

26. 防治保护地白粉虱最佳方法？（B）

A. 及时打药　B. 挂黄板和防虫网综合使用

C. 用农药熏

27. 提高防治病虫害效果应？（B）

A. 加大农药量　B. 在药液里加展着剂

C. 多加几种药

28. 下列哪种农药在韭菜上严禁使用?(C)

A. 辛硫磷　B. 阿维菌素　C. 对硫磷(1605)

29. 防治斑潜蝇应选用?(A)

A. 阿维菌素　B. 农用链霉素　C. 达螨灵

30. 韭菜地里发生灰霉病应选用?(A)

A. 速克灵　B. 多菌灵　C. 百菌清

31. 黄板杀虫的原理是?(B)

A. 黄板上有杀虫农药

B. 害虫喜欢黄色且板有黏性

C. 黄板有气味

32. 农药展着剂对提高防治效果?(A)

A. 明显　B. 一般　C. 没作用

33. 防治韭菜灰霉病应当在______进行喷药防治最佳。(B)

A. 未发生时　B. 发病初期　C. 严重发生时

34. 下列哪种农药属于生物农药?(C)

A. 吡虫啉　B. 多菌灵　C. 苦参碱

35. 施药防治病害一般在?(C)

A. 上午　B. 中午　C. 傍晚

36. 控制病害首先就要控制?(A)

A. 病源　B. 环境　C. 温湿度

37. 下列哪种农药是高毒农药?(A)

A. 甲胺磷　B. 氧化乐果　C. 井冈霉素

38. 预防病毒病的发生首先应该?(C)

A. 打杀菌剂　B. 打杀虫剂　C. 防治蚜虫

39. 蔬菜上禁止使用的农药是?(A)

A. 氧化乐果　B. 敌杀死　C. 抗蚜威

40. 下列哪个是高毒农药?(B)

A. 农用链霉素　B. 甲胺磷　C. 敌百虫

41. 瓜菜上禁止使用的农药是?(C)

A. 吡虫啉　B. 呋喃丹　C. 敌杀死

42. 赤眼蜂防治玉米螟在什么时期最好?(A)

A. 玉米螟产卵初期　B. 盛期玉米出现花叶时　C. 玉米出苗时

43. 防治玉米蚜虫用哪种药？（A）

A. 40%乐果　　B. 乙草胺　　C. 叶面肥

44. 防止玉米螟幼虫蛀茎用什么药最好？（A）

A. 辛硫磷颗粒剂　　B. 多菌灵　　C. 乙草胺

45. 多抗霉素是？（A）

A. 化学农药　　B. 生物农药　　C. 混合农药

46. 温室的灌溉方式以下列哪种方式最利于防病？（A）

A. 滴灌　　B. 大水漫灌　　C. 两种方法均可

47. 发生霜霉病时打药的有效部位？（C）

A. 叶的正面　　B. 背面　　C. 全部

48. 哪种药剂处理根结线虫病最有效？（B）

A. 虫菌通杀　　B. 福气多　　C. 辛硫磷

49. 以下在三种药剂哪种为内吸性杀菌剂？（A）

A. 多菌灵　　B. 代森锰锌　　C. 必得利

50. 施药人员在施药期间必须要注意哪一条？（A）

A. 穿防护设备，不喝水、吃东西、可吸烟

B. 穿戴防护设备，不喝水、不吃东西、不吸烟

C. 不穿戴防护设备，不喝水、不吸烟、不吃东西

51. 如果菜上发现该小菜蛾虫后，打______药？（A）

A. DT　　B. 阿维菌素　　C. 草甘膦

52. DT 是？（A）

A. 杀虫剂　　B. 杀菌剂　　C. 除草剂

53. 在放性引诱剂的盆中放入适量洗衣粉______。（C）

A. 是为了吸引小菜蛾

B. 可以毒杀小菜蛾　C. 起黏着作用

54. 下列哪个农药是生物农药？（A）

A. Bt　　B. 杀毒矾　　C. DT

55. 结球生菜采摘前，多少天不能打农药？（B）

A. 3 天　　B. 7 天　　C. 半个月

56. 打农药时？（C）

A. 凭经验　　B. 向他人学　　C. 看说明

57. 农药安全间隔期？（B）

A. 指作物第一次施药到第二次施药防止发生药害的间隔时间

B. 作物最后一次施药至作物收获时所规定的间隔天数

C. 指作物第二次施药到最后一次施药防止发生药害的间隔时间

58. 在病虫发生期，哪类人员适宜参与配药打药活动？（C）

A. 未成年　　B. 孕妇、哺乳期妇女　　C. 成年健康男女

59. 打药前如何兑药？（A）

A. 按说明兑药　　B. 想兑几盖兑几盖　　C. 随意倒几盖

60. 配置液体杀虫剂最好用？（A）

A. 量筒　　B. 瓶盖　　C. 凭感觉

61. 购买农药时？（A）

A. 首先看三证　　B. 看表面　　C. 无所谓

62. 处理农药包装物（如药瓶、袋子）比较恰当的方法是？（C）

A. 顺手丢在田边、沟边

B. 拿回家中存放

C. 要求国家有关部门统一回收处理

63. 打药在综合防治中的作用是？（B）

A. 最重要的措施

B. 短期内的调节作用

C. 没有其他方法可以代替

（二）小麦繁种

1. 小麦原种要求纯度在？（C）

A. 99%以上　　B. 99.5%以上　　C. 99.9%以上

2. 小麦良种纯度要求在？（A）

A. 99%以上　　B. 99.5%以上　　C. 99.9%以上

3. 北京地区小麦适宜的播种期是？（B）

A. 9月中旬　　B. 9月25日到10月8日　　C. 10月中旬

4. 小麦播种时，拌种要杀灭的害虫为？（C）

A. 蚜虫　　B. 黏虫　　C. 地下害虫

5. 小麦播种时，拌种要防治的病害主要为？（A）

A. 锈病、白粉病　　B. 茎枯病　　C. 根腐病

6. 小麦拌种药剂处理后，需要堆闷多长时间？（B）

A. 2～3 小时　B. 4～6 小时　C. 7～8 小时

7. 小麦苗期是指哪个阶段？（A）

A. 出苗到起身　B. 播种到起身　C. 出苗到返青

8. 灌冻水要求日平均气温在哪个范围较好？（B）

A. 日均 5～7℃　B. 日均 3～5℃　C. 日均 1～3℃

9. 小麦越冬期是指连续 5 日日平均气温稳定在？（A）

A. 0℃以下　B. 0℃以上　C. －4℃以下

10. 种子含水量的大小，不影响种子质量的哪些方面？（C）

A. 能否安全越夏　B. 保持萌发力　C. 种子的纯度

11. 小麦返青期可根据下列哪几项判定？（A）

A. 冬前心叶恢复生长　B. 春季气温超过 0℃　C. 地表完全解冻

12. 底肥充足、土壤墒情好的壮苗，返青期管理需要水肥管理吗？（C）

A. 及时浇灌　B. 及时施肥

C. 不用，主要是提高地温

13. 底肥充足、但土壤墒情较差、干土层过厚（大于 6 厘米）的地块，返青期要管理吗？（C）

A. 不用管　B. 不用浇灌

C. 用，主要是补充水分

14. 哪个时期灌水对增加粒数作用最大？（A）

A. 拔节期　B. 孕穗期　C. 灌浆期

15. 小麦拔节期管理，以下回答不对的是？（A）

A. 增加分蘖　B. 巩固大蘖成穗　C. 保花增粒

16. 何时防治小麦吸浆虫？（B）

A. 起身—拔节　B. 拔节—抽穗　C. 抽穗—灌浆

17. 百穗小麦蚜虫数量达到多少时需进行防治？（B）

A. 300　B. 500　C. 700

18. 小麦繁种去杂在哪个时期进行？（B）

A. 开花期　B. 抽穗期、腊熟期　C. 乳熟期

19. 一般小麦的适宜收割时期是？（A）

A. 腊熟末期　B. 乳熟期后　C. 完熟期后

20. 以下哪一项不符合小麦种子晾晒时的要求？（B）

A. 彻底清扫场院，勤翻动

B. 多个品种在一个场院晾晒要防止混杂

C. 种子含水量低于13%时方能入库贮存

（三）玉米栽培植保技术

1. 玉米的主要害虫是？（A）

A. 玉米螟　B. 菜青虫　C. 瓢虫

2. 玉米螟是玉米什么时期的主要虫害？（C）

A. 苗期　B. 吐丝期　C. 穗粒期

3. 玉米的大喇叭口期是几叶展？（B）

A. 7叶展　B. 11～13叶展　C. 9叶展

4. 玉米制种母本生育期较长时，采取哪项措施最能提早成熟？（B）

A. 提前播种　B. 地膜覆盖播种　C. 增施底肥

5. 玉米种子播种深度为多少时发芽较好？（B）

A. 2厘米　B. 3～5厘米　C. 10厘米

6. 母本缺苗断垄时应当采取哪项措施？（C）

A. 催芽补种　B. 种父本　C. 移栽

7. 母本长势不一致会对去雄工作有什么影响？（C）

A. 缩短去雄时间　B. 没有影响　C. 延长去雄时间

8. 玉米制种穗期追肥时间比普通玉米？（B）

A. 提前　B. 一样　C. 退后

9. 抽雄结束采取哪项措施最能提高产量？（C）

A. 砍除父本　B. 去除三类苗　C. 浇水并追肥

10. 收获后水分较高，若不及时晾晒，会对种子的哪项质量指标影响最大？（C）

A. 纯度　B. 净度　C. 发芽率

11. 晒种可使阳光中的紫外线杀死种子表面的虫卵和病菌，减少病虫害的发生，还能增强种子的拱土能力，提高出苗率和苗势。这句话______。（A）

A. 正确　B. 错误　C. 不清楚

12. 针对玉米病虫害问题，应该______。（B）

A. 受害后多打药就行

B. 预防为主，综合治理

C. 增加放风时间，降低湿度

13. 玉米整个生育期中需氮、磷、钾的比例大体上是______。(A)

A. 5∶2∶4　　B. 5∶4∶2　　C. 4∶2∶5

14. 确定播种时间，一般以播种土壤5～10厘米地温稳定在多少以上时为宜？(B)

A. 5～8℃　　B. 10～12℃　　C. 15～18℃

15. 施用有机肥料可以改善土壤结构，提高土壤蓄水保墒能力。这种说法______。(A)

A. 正确　　B. 错误　　C. 不清楚

16. 站秆扒皮时，必须把果穗外苞叶全部扒到果穗______。(A)

A. 基部　　B. 中部以下就行　　C. 扒开就行

17. 割除父本是保质增产、提高种子商品性的有效途径，一般在抽雄结束后多长时间内实施？(B)

A. 一周　　B. 两周　　C. 三周

18. 甜玉米和糯玉米需要隔离种植，但不同品种的甜玉米不用隔离种植。(B)

A. 正确　　B. 错误　　C. 不知道

19. 玉米根外追肥是一种用肥少收效快的辅助性施肥。(A)

A. 正确　　B. 错误　　C. 不知道

20. 鲜食玉米与其他玉米种植距离应为多少？(A)

A. 300米　　B. 200米　　C. 100米

21. 鲜食玉米最佳采收时间是什么时候（单选）？(A)

A. 一般在上午　　B. 一般在下午

C. 一般在清晨或傍晚

22. 鲜食玉米夏播错开授粉一般在多少天以上？(C)

A. 25天　　B. 15天　　C. 20天

23. 鲜食玉米采收之前什么时间浇水最好？(C)

A. 30天　　B. 20天　　C. 10天

24. 薄膜覆盖育苗出苗后多少℃以内不揭膜，温度过高需通风降温？(A)

A. 30　　B. 40　　C. 50

25. 种植鲜食玉米一般密度控制在多少合适？(A)

A. 3 000～4 000株　　B. 3 500～4 500株　　C. 不知道

26. 甜玉米的生育期为？(A)

A. 80～90 天　　B. 90～100 天　　C. 100～110 天

27. 甜玉米最佳收获期为？（A）

A. 授粉后 21～25 天收获

B. 授粉后 30～35 天收获

C. 授粉后 15～20 天收获

28. 生物防治玉米螟每亩释放赤眼蜂多少头？（C）

A. 2 000 头　　B. 500 头　　C. 10 000 头

29. 鲜食玉米播种与其他玉米空间隔离多少米？（A）

A. 300 米　　B. 1 000 米　　C. 500 米

30. 下列哪个品种是水果型玉米（直接食用）？（B）

A. 京科糯 2000　　B. 科甜脆 1 号　　C. 科甜 120

31. 下列品种哪个是糯玉米？（A）

A. 中糯 2 号　　B. 科甜脆 1 号　　C. 甜单 21

32. 玉米的病害有（B）

A. 软腐病　　B. 穗腐病　　C. 线虫病

33. 防治糯玉米病害的方法有？（A）

A. 种子药剂处理　　B. 温汤浸种　　C. 药剂灌根

34. 生物防治玉米螟卵的方法有？（A）

A. 释放赤眼蜂　　B. 投放杀虫颗粒剂　　C. 人工捉虫

35. 防治玉米螟幼虫蛀茎在什么时期用药最好？（B）

A. 玉米心叶中期　　B. 苗期　　C. 灌浆期

二、养殖业（由北京市畜牧总站整理）

（一）柴鸡

1. 控制球虫病的关键是？（A）

A. 管理好粪便　　B. 饲料中加贝壳　　C. 加强运动

2. 玉米的营养主要作用是？（B）

A. 合成蛋白质　　B. 能量　　C 合成维生素

3. 柴鸡水槽的消毒次数为？（C）

A. 隔日一次　　B. 每周一次　　C. 每天一次

4. 柴鸡料槽的长度要保证多少柴鸡同时采食？（A）

A. 80%　　B. 50%　　C. 30%

5. 柴鸡喜食饲料的形状为？（A）

A. 颗粒　　B. 粉末　　C. 粥样物

6. 对雏鸡的成活率起关键作用的环境因素是？（A）

A. 温度　　B. 湿度　　C. 光照

7. 育雏期间给雏鸡的饮水为？（A）

A. 自由饮水　　B. 每天两次　　C. 每天三次

8. 柴鸡断喙的目的是？（B）

A. 减少饲料浪费　　B. 预防啄癖　　C. 美观好看

9. 在饲料中添加麸皮的数量（B）

A. 不受限制　　B. 不超过30%　　C. 不超过50%

10. 鸡产软壳蛋可以补充？（A）

A. 蛋壳　　B. 麦饭石　　C. 豆粕

11. 育雏时雏鸡扎堆说明？（B）

A. 温度过高　　B. 温度低　　C. 温度合适

12. 产蛋鸡产蛋期间补充光照开关灯时间（A）

A. 固定不变　　B. 随意　　C. 24小时全开

13. 对柴鸡危害最严重的寄生虫病是？（A）

A. 球虫病　　B. 鸡虱子　　C. 组织滴虫病

14. 对柴鸡给药要按疗程服药，一般一个疗程是（A）

A. 4天　　B. 2天　　C. 10天

15. 柴鸡喜欢在沙子里打滚的原因是？（A）

A. 清洁体表　　B. 有寄生虫　　C. 不良的癖好

16. 柴鸡免疫当天能否消毒？（B）

A. 必须消毒　　B. 不能消毒　　C. 可消也可不消

17. 病死鸡的处理是？（A）

A. 深埋处理　　B. 扔掉　　C. 喂狗

18. 被粪便污染的柴鸡蛋？（B）

A. 用清水洗　　B. 用消毒药水　　C. 用温水洗

19. 处理粪便最好的方法是？（A）

A. 堆肥发酵　　B. 不用收集　　C. 生蛆喂鸡

20. 控制新城疫的关键是？（A）

A. 做好免疫　　B. 定期投药　　C. 饲料营养全面

21. 鸡正常的体温是？（C）

A. 35～37℃　　B. 30～35℃　　C. 39～41℃

22. 鸡新城疫的潜伏期是？（A）

A. 2～7 天　　B. 7～12 天　　C. 12～17 天

23. 驱虫药用量？（A）

A. 按治疗量　　B. 首次用药加倍　　C. 治疗量加倍

24. 啄癖的原因是？（A）

A. 营养不良　　B. 温度低　　C. 肥胖

25. 常见的用药方式为（C）

A. 喷雾给药　　B. 肌肉注射　　C. 饮水给药

26. 一般开产日龄是？（B）

A. 100 天　　B. 140 天　　C. 200 天

27. 听鸡咳嗽的时间是？（C）

A. 上午　　B. 下午　　C. 夜间

28. 鸡吃麦饭石？（B）

A. 补钙　　B. 磨碎食物　　C. 不良习惯

29. 适宜鸡生长的温度为？（B）

A. 15℃　　B. 22℃　　C. 28℃

30. 给鸡饲料的次数为？（C）

A. 晚上给一次　　B. 全天都有料　　C. 分 2～3 次供给

（二）奶牛

1. 犊牛出生后几天，可以开始饲喂优质干草，锻炼瘤胃机能？（B）

A. 4～5 天　　B. 7～10 天　　C. 15～18 天

2. 出生 1～2 周龄的犊牛，应该如何喂奶？（A）

A. 奶温保持 38℃左右，鲜奶中兑一半温开水

B. 间隔 4 个小时喂奶一次

C. 劣质或变质牛奶，可以喂给小牛吃

3. 分娩前 15 天的奶牛应如何管理？（ C ）

A. 补充钙质，多喂高钙饲料

B. 补充营养，多喂精料

C. 精粗平衡，减少精料饲喂量

4. 正常情况下，真胃在奶牛腹腔的位置是？（C）
A. 左侧　B. 正中　C. 右侧

5. 奶牛的发情周期是？（B）
A. 15 天　B. 21 天　C. 30 天

6. 奶牛平均妊娠期是？（C）
A. 320 天　B. 300 天　C. 280 天

7. 健康奶牛每天反刍的次数约为？（A）
A. 9～16 次　B. 18～20 次　C. 20 次以上

8. 健康奶牛每天反刍的时间约为？（B）
A. 2～3 小时　B. 4～9 小时　C. 10 小时以上

9. 健康奶牛每次反刍的时间约为？（B）
A. 15 分钟以内　B. 15～45 分钟　C. 45 分钟以上

10. 奶牛的正常体温为？（B）
A. 37～38℃　B. 38～39.2℃　C. 39.5～41℃

11. 犊牛的正常体温为？（C）
A. 36.5℃　B. 38℃　C. 39.5℃

12. 成牛的正常脉搏率为？（B）
A. 40～60 次/分　B. 60～80 次/分　C. 80～100 次/分

13. 犊牛的正常脉搏率为？（C）
A. 40～50 次/分　B. 50～70 次/分　C. 70～100 次/分

14. 测量奶牛脉搏的位置是？（C）
A. 头部　B. 颈部　C. 尾根

15. 成牛安静时的正常呼吸频率为？（A）
A. 18～30 次/分　B. 30～40 次/分　C. 40 次以上

16. 犊牛安静时的正常呼吸频率为？（A）
A. 20～40 次/分　B. 40～50 次/分　C. 50 次以上

17. 健康牛瘤胃蠕动每分钟约？（C）
A. 5～7 次　B. 3～5 次　C. 1～3 次

（三）肉羊

1. 绵羊的正常体温为？（B）

A. 34～36℃　　B. 38.5～40℃　　C. 41～43℃

2. 绵羊有几个胃？（C）

A. 3　　B. 1　　C. 4

3. 羊肌肉注射的部位为？（C）

A. 肋部　　B. 背部　　C. 颈部

4. 羊胀肚放气的部位为？（C）

A. 肋部　　B. 背部　　C. 左肷部

5. 羔羊出生后应该？（B）

A. 饮白糖水　　B. 吃初乳　　C. 喝牛奶

6. 发霉的饲草？（B）

A. 可以食用　　B. 不能食用　　C. 加盐后食用

7. 羔羊寄养时往羔羊的身上涂？（A）

A. 母羊的尿液　　B. 糖水　　C. 米汤

8. 冬季羊舍保温的最佳方式是？（A）

A. 垫干草　　B. 垫羊粪　　C. 水泥地面

9. 羊的妊娠期为？（C）

A. 120 天　　B. 200 天　　C. 150 天

10. 接生羔羊断裂脐带的方法是？（B）

A. 剪断　　B. 钝性挫断　　C. 拉断

11. 发生脑包虫病和下列哪种动物有关？（C）

A. 猪　　B. 马　　C. 狗

12. 羊一年可剪毛几次？（B）

A. 四次　　B. 二次　　C. 三次

13. 断尾的目的？（B）

A. 好看　　B. 方便配种　　C. 生长快

14. 对疾病的发生需要采取的主要措施是？（B）

A. 预防　　B. 治疗　　C. 屠宰

15. 羊啃土原因是？（B）

A. 习惯　　B. 缺乏营养　　C. 磨牙齿

16. 羊跑青时下痢（A）

A. 不用治疗　　B. 用抗生素治疗　　C. 消毒

17. 预防羊螨虫应？（C）

A. 消毒　　B. 剪毛　　C. 药浴

18. 三联四防免疫时间为？（A）

A. 春秋各一次　　B. 春天免疫　　C. 夏天免疫

19. 治疗焦虫病的药物是？（C）

A. 青霉素　　B. 敌百虫　　C. 血虫净

20. 焦虫病的发生主要与下列哪个有关？（C）

A. 苍蝇　　B. 狗　　C. 蜱

21. 羔羊断奶的最佳时期是？（B）

A. 1月龄　　B. 2月龄　　C. 3月龄

22. 不属于三联四防可预防的疾病是？（C）

A. 肠毒血　　B. 猝疽　　C. 羊痘

23. 预防体外寄生虫采用哪种药效果较好？（C）

A. 丙硫苯咪唑　　B. 青霉素　　C. 阿维菌素

24. 对体外寄生虫病用药间隔多长时间效果较好？（A）

A. 4　　B. 7　　C. 30

25. 肺炎的治疗原则是？（B）

A. 强心　　B. 止咳平喘消炎　　C. 解热镇痛

26. 不是治疗瘤胃胀气的方法是？（C）

A. 灌服石蜡油　　B. 用套管针放气　　C. 注射安痛定

27. 下列哪种消毒药不是常见的消毒药？（C）

A. 石灰　　B. 过氧乙酸　　C. 敌敌畏

28. 发情较集中的月份为？（C）

A. 1—3月　　B. 4—6月　　C. 8—10月

29. 缺乏哪种物质可造成产后瘫痪？（A）

A. 钙　　B. 磷　　C. 钠

30. 一周消毒几次较好？（B）

A. 隔日一次　　B. 两次　　C. 一天一次

（四）生猪

1. 猪为维持生存、生长、繁殖需要的六大营养素为？（A）

A. 蛋白质、碳水化合物、脂肪、矿物质、维生素、水

B. 蛋白质、碳水化合物、脂肪、钙磷、维生素E、水

C. 氨基酸、糖、脂肪、铁、水、维生素 C

2. 玉米主要为猪提供?(B)

A. 蛋白质　　B. 能量　　C. 钙

3. 浓缩饲料主要提供?(A)

A. 蛋白质、维生素、矿物质

B. 能量、蛋白质、维生素

C. 脂肪、蛋白质、维生素

4. 自己给猪配饲料时必须以?(B)

A. 猪长得快为依据　　B. 饲养标准为依据　　C. 吃的多为依据

5. 饲养员喂料时应观察猪群的哪种情况?(B)

A. 粪便　　B. 食欲　　C. 呼吸

6. 初生仔猪补铁的适宜日龄为?(A)

A. 产后 3 天　　B. 产后 10 天　　C. 产后 1 天

7. 吃奶仔猪一般断奶时间为?(A)

A. 28～35 天　　B. 45 天　　C. 60 天

8. 刚初生仔猪适宜的环境温度为?(B)

A. 25℃　　B. 32℃　　C. 37℃

9. 杜长大商品猪是?(B)

A. 长白公猪配大白母猪获得的

B. 杜洛克公猪配长大二元母猪获得的

C. 杜洛克公猪配长白母猪获得的

10. 母猪的怀孕期平均为?(C)

A. 89 天　　B. 124 天　　C. 114 天

11. 提高母猪年产仔窝数应主要控制?(A)

A. 仔猪哺乳期　　B. 母猪怀孕期　　C. 母猪空怀期

12. 母猪在一个发情期用同一头公猪配种两次称为?(B)

A. 单次配种　　B. 重复配种　　C. 多次配种

13. 动物发生传染病时要具备的传播条件为?(A)

A. 传染源、传播途径、易感动物

B. 温度低、湿度大、卫生差

C. 营养不良、病猪、空气质易差

14. 猪瘟的病原为?(C)

A. 寄生虫　　B. 细菌　　C. 病毒

15. 成年猪的正常体温为？（B）

A. 40℃　　B. 38～39.5℃　　C. 37℃

16. 疫苗注射后发生过敏应采取？（B）

A. 注射维生素　　B. 注射肾上腺素　　C. 注射抗生素

17. 国家禁用的农业投入品为？（A）

A. 瘦肉精　　B. 青霉素　　C. 维生素

18. 食品动物可以用氯霉素吗？（B）

A. 可以　　B. 不可以　　C. 可以少用

19. 支原体病主要表现为？（A）

A. 干咳、喘　　B. 拉稀　　C. 关节肿大

20. 初生仔猪吃奶前就接种疫苗称为？（B）

A. 紧急接种　　B. 超前免疫　　C. 日常免疫

21. 利用猪嗅觉灵敏的特性，可以训练猪？（B）

A. 定时群饲　　B. 定点排粪

C. 利用假台猪人工采精

22. 猪胃内没有分解粗纤维的微生物，在饲养中应注意？（C）

A. 饲料中蛋白质的含量

B. 饲料中钙磷的比例

C. 饲料中的精、粗饲料的比例

23. 初生仔猪需要精心护理，是因为？（A）

A. 胚胎期短，出生时发育不充分

B. 出生体重小　　C. 生后生长期短

24. 长白猪属于？（A）

A. 引进的国外品种　B. 我国的地方品种

C. 我国的培育品种

25. 杜洛克猪属于？（A）

A. 瘦肉型品种　　B. 脂肪型品种　　C. 肉脂型品种

26. 母猪发情时“静立反射”是指？（A）

A. 双手用力下按母猪腰部，母猪站立不动

B. 公猪接近时，母猪站立不动

C. 其他母猪爬跨时，母猪站立不动

27. 如果从母猪开始发情算起，排卵最多时出现在？（B）

A. 20～25 小时以后 B. 38～40 小时以后

C. 12～15 小时以后

28. 母猪正常的发情周期平均为？（C）

A. 28 天 B. 56 天 C. 21 天

29. 为克服公母猪体重大小不同不易交配的困难，应采取？（A）

A. 人工授精 B. 公猪本交 C. 放弃配种

30. 用杜洛克公猪配长大二元母猪，称为？（B）

A. 二元杂交 B. 三元杂交 C. 轮回杂交

31. 饲养标准指的是？（B）

A. 每千克日粮中蛋白质的含量或百分比

B. 每千克日粮中各种营养物质的含量或百分比

C. 每千克日粮中能量的含量或百分比

32. 日粮中钙磷比例一般为？（B）

A. 2∶1 B. 1～1.5∶1 C. 3∶1

33. 机体对各种非常刺激产生的全身非特异性应答反应的总和，称为？（A）

A. 应激 B. 免疫力 C. 抵抗力

34. 目前口蹄疫病原有？（A）

A. O 型、亚Ⅰ型和 A 型三种

B. O 型一种 C. O 型、亚Ⅰ型两种

附录 2　团队游戏

团　队　游　戏

1　互相了解

1.1　排队

目的：使参与者彼此熟悉对方的外表与性格；各组团结合作精神的练习。

时限：10 分钟。

步骤：

A. 参与者分成两组。如果人数为奇数，则将一名辅导员替补。

B. 辅导员解释游戏规则并确信每一个都理解了这些规则。具体步骤如下：

B1. 两组在辅导员的指导下进行比赛，根据参与者特点或外表特征进行排队，看哪一组完成最快。

B2. 在确定特征，并给出如何站队的指令后（例如，以身高为特征，从矮到高排队），辅导员慢慢数到 10，如果某一组在数到 10 以前排好了，则这一组应全体蹲下或举手示意（事先应达成一致）他们已经完成了任务。最先完成的一组将是首先被检查的一组。

B3. 辅导员一组一组地检查，以确定他们是否正确。

B4. 排队快，错误少的一组为优胜。

1.2　我是……

目的：向小组学员介绍自己。

材料：无。

时限：10 分钟。

步骤：

A. 要求小组成员围成一个圈站好，每一个成员想一个自己向小组成员介绍时要做的动作。

B. 每一成员以如下的方式向小组成员介绍自己：

B1. 向小组成员问好。

B2. 在模仿最左边一个学员动作的时候向那个学员致敬。

B3. 在做他/她自己的动作的时候向小组成员介绍自己。

C. 站在右边的人重复同一步骤。

在第一次农民田间学校的时候向其他学员介绍自己往往是比较困难的。当学员使用动作来向小组成员介绍自己的时候可以消除介绍时的害怕心理。做的动作越有趣则在介绍的时候得到的乐趣就最多。这个团队活动练习在第一次开办农民田间学校、学员间相互不了解的时候采用最合适。

1.3 扔球

目的：回忆小组组员的名字。

材料：无。

时限：10 分钟。

步骤：

A. 要求参与者围成一个圈站好。

B. 一个学员在扔一个假想的球的时候叫出另外一个学员的名字。接住球的学员在扔出球的同时叫出另外一个学员的名字。小组的学员应尽可能地多扔球来叫出尽可能多的学员名字。

C. 鼓励参与者根据扔出球的方式来接球。如果扔球的人球扔得很重则接球的人应该表现出努力接球的样子。如果扔球的人球扔得较轻则接球的人不用费力去接。

在参加一次农民田间学校以后不可能记住所有学员的名字。这个团队活动练习在第二次或第三次农民田间学校集会的时候采用比较合适，那时学员还没有记住其他所有学员的名字。这个团队活动也比较有趣，可以作为一项破冰山活动。

1.4 互相了解（配对）

目的：在参与者之间建立和谐关系；建立有凝聚力的工作小组

材料：与参与者数目一致的信封；参与者数目一半的一些物体的图画(最好是与自身田间学校有关)；铅笔和水笔；A4 纸一半大的纸张。

时限：20 分钟。

步骤：

A. 准备：把所有的图片剪成一半。把每一半图片放在信封里并把信封顺序打乱。

B. 辅导员向参与者说明活动规则并分发该活动所需的材料（装有图片的信封、纸张和铅笔/水笔）。

C. 每一参与者都发给一个装有半张图片的信封并要求他们找到持有另一半图片的人。

D. 当参与者配成对的时候，配成对的两个人坐下并相互面试，例如他们可以收集以下的信息：姓名、职业、与工作有关的信息，例如专业技能、原先的工作经历、参加过的培训以及个人信息。他们可以把所了解到的信息记在纸上。

E. 在配对的两人都了解了对方的信息以后，他们围着屋子向其他的配对小组介绍他们的新朋友。

可以在开办了几次农民田间学校，学员间还不是特别了解的时候使用这一团队活动练习。在相互了解内容部分使用这一活动。这个团队活动练习可以在面试者和被面试者之间建立很近的和谐关系。这个团队活动练习通过在合作者之间建立信任感和自信心而建立有凝聚力的工作团队。

1.5　我画我自己

目的：介绍自己。

材料：A4 纸、记号笔或颜色笔。

时限：30 分钟。

步骤：

A. 给每一参与者提供一张 A4 纸及记号笔或颜色笔。

B. 让参与者在 10 分钟的时间内在纸上画下任何能代表他们的物体或者动物。

C. 当每一个人都结束的时候，让所有的参与者顺序展示和解释他们的图画。鼓励参与者讨论为什么他们选择特定的物体或动物来代表他们以及这些物体或动物的哪些特征代表了他们的个人品质。

当农民田间学校有 20～25 个学员时，可以在农民田间学校的前期相互了解的时候使用这一活动。让参与者讨论代表他们自己的物体为他们提供了一个对自身无威胁的环境，在这种环境下他们可以相互了解其他人的良好品质和自身需改进的品质。

2　团队建设

2.1　建立参与式准则

目的：对农民田间学校的参与式准则达成一致意见。

材料： 一张大白纸、记号笔、胶带纸。

时限： 20 分钟。

步骤：

A. 在大白纸上画下下图，并把大白纸贴在墙上或黑板上。

B. 向小组成员解释这两个图代表两种不同的工作方式，灰点表示辅导员。通过以下问题让学员讨论以上两种工作方式的优缺点。

B1. 在两种工作方式中学员的感受各是什么？

B2. 每一组的学员是如何参与的？

B3. 两种图示各代表了哪一种小组辅导员？

B4. 在两种工作方式中各会有什么样的行为方式？

B5. 你喜欢哪一种工作方式？

C. 带领小组就参与式准则展开讨论。为了最大限度地发挥农民田间学校的作用，学员们喜欢什么样的准则？

2.2 打结难题

目的： 提高对共同学习合作中集体感重要性的认识。

时限： 5～10 分钟。

步骤：

A. 要求参与者站成一个圆，彼此距离要近。每个人应该伸展双臂，抓住两边人的手，组内形成“人结”。

B. 握住别人的手，组内努力回到圆内最初的位置，不能松手。

C. 评价练习结果。什么有利于解决小组的问题？什么妨碍了问题的解决？

2.3 相互信任

目的： 展示合作中信任的重要性。

时限： 5～10 分钟。

步骤：

A. 要求参与者两两配对（性别相同，体重相近）。让每对参与者依次做如下练习。他们应完成一个练习后，再进行下一个练习。

B. 首先，每对参与者依次轮流为对方进行肩部按摩。

C. 其次，他们背对背，手挽手，轮流弯腰将对方背起。

D. 最后，一方直立身体倒下，倒在同伴的怀中（另一方一定要接好）。

E. 评价练习结果：当参与者倒下时，感觉如何？他们相信同伴能接住他们吗？为什么相信、为什么不信？从中可以得到什么启示？

2.4　画房子

目的：提高对组内合作与过程控制的意识。

材料：新闻纸、记号笔。

时限：10～20 分钟。

步骤：

A. 让学员两两组合。

B. 每一对的两个人要握住同一支笔并且可以一起画画、写字。

C. 合作者画一张画，并在一张白纸上写下题目，要求两人一起完成。练习中两个人不许交谈。

讨论：

A. 练习中你感觉如何，反应如何？

B. 什么因素有利于或不利于整个合作书写和绘画过程？

C. 从这个练习中我们学到了什么？在实际生活中，你曾经有过同样的感觉和反应吗？在组内集体合作时，我们经常遇到的限制因素是什么？

注意：讨论可以在本组作品与其他组交流后将所有学员分成若干小组进行。

2.5　合作拼方形

目的：分析合作的因素。

材料：几套剪散的方形纸片。

时限：30 分钟。

步骤：

A. 准备：每组制作一套五个剪开的方形纸片。请在此练习的最后参看正方形纸片的剪法。

B. 向学员们解释此练习的目的是了解团队合作中必要的东西。让学员们五人组成一组并围桌子坐好（可以有一个额外的人来观察所有小组的行为）。解释如何完成这个团队活动练习。

C. 发给每个组员一个装有拼图纸片的信封。小组的任务是将剪开的纸片拼成五个大小相同的方形。组成五个方形的纸片已经混合装在每个小组成员的信封里。小组成员不允许从其他小组成员那里拿走或要求特定纸片但是他们可以向其他小组成员提供纸片。在整个拼图的过程中小组成员不允许说话。任务应该安静地完成，直到小组中的每个成员都拼成一个与其他小组成员一致的正方形。

D. 当所有的学员都明白游戏步骤以后，向每一小组分发五个信封。让小组开始拼图。辅导员在活动过程中应确保学员们按规则完成活动。

E. 当任务结束以后，让每组成员讨论以下问题：

E1. 你们在完成任务的过程中哪些方式有助于或阻碍了任务的完成？

E2. 当一个小组成员拿着一块关键的纸片但是却没有看出拼图的解决方法时，其他成员有什么样的感觉？

E3. 当一个小组成员不但没有正确完成拼图而且还坐着不帮助别人时，其他小组成员会有什么样的想法？

E4. 其他小组成员认为上面那个学员当时有什么想法？

E5. 如果一个小组成员不能与其他小组成员一样快地发现拼图解决方案，小组其他成员有什么感觉？

E6. 你从游戏中学到的哪些东西在日常生活中也是存在的？在游戏中哪些问题也是你平时遇到的？

注意：在讨论中可能会碰到以下观点：

每个人都应该明白整个问题。

每个人都需要了解如何能对问题解决作出贡献。

每个人都应该意识到每个小组成员对小组的潜在贡献。

在小组成员合作的时候，我们应该了解其他成员的问题，目的是帮助他们对小组作出更大贡献。

小组成员间互相帮助的小组很可能会比小组成员间互不理睬的小组更成功。

制作一套剪散的方形纸片的方法：

一套图片包括装有被剪成不同形状的纸片或卡板纸。当碎纸片适当组合的时候，所有的纸片可以拼成五个尺寸相同的方形。

要准备这些纸片，首先要剪五个正方形的纸片或卡板纸，正方形为 20 厘米×20 厘米。把这些方形的纸片放成一排，按下图画成不同的形状并用铅笔按照下图轻轻写上字母代号，这些字母要轻写以便能够擦去。

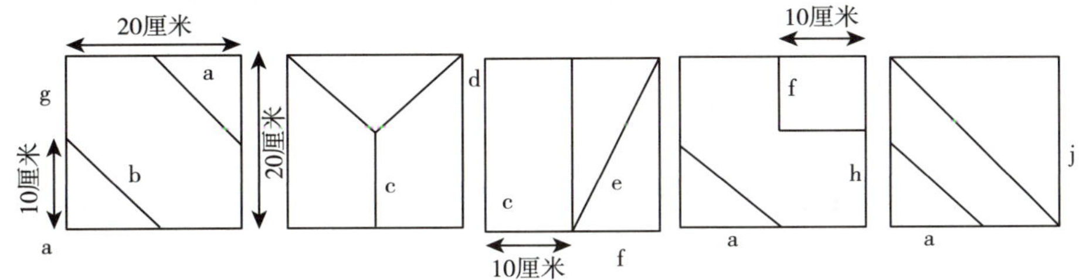

在画线的时候应该注意按以下形式进行：所有的标有 a 的纸片要有相同的尺寸，同样，对于标有 c 的纸片也是一样的。有几种组合可以拼成两个方形，但是仅有唯一的一种组合方式可以拼成五个 20 厘米×20 厘米的方形。在正方形上画好线并写上字母标识以后，每一方形都按所画的线剪开而形成不同形状的纸片。准备 A、B、C、D、E 五套信封。第一组的信封上可以写上 1A、1B、1C、1D、1E，第二组的信封上可以写上 2A、2B、2C、2D、2E。将拼图的纸片按以下方式放入信封：

信封 A：i，h，e。

信封 B：a，a，a，c。

信封 C：a，j。

信封 D：d，f。

信封 E：g，b，f，c。

擦去这些纸片上的字母，并在信封上写下 A、B、C 等字母代号。这样做比较容易把不同的纸片放回原来的信封以便以后再次使用。

2.6 协作运水

目的：以一种合作的方式制订计划；分析影响团队工作的因素。

材料：两个装满水的桶；两个空的脸盆（容量比桶稍小）。

时限：20 分钟。

步骤：

A. 把参与者分为两组。让每个小组排成一排。在每一排的最前端提供一个装满水的水桶，把空盆放在每一排的末端。

B. 向参与者给出此活动的规则。练习的目的是在一排学员中用手传递水并把每排末端的空盆装满。

C. 当小组趣味活动开始以后，站在每排最前端的人用手掌舀起水，把水传递到一排中的下一个人并依次传递到最后一个人手中。一排中的最后一个人把水倒在盆中。这个活动一直持续到有一个组把盆装满为止。

D. 通过讨论以下的问题来评价该活动：

D1. 对于最先装满盆的小组：

● 你们能最先完成任务的原因是什么？

● 你们小组有没有一种策略或方法来实现目标？这种策略或方法是什么？

D2. 对于最后完成任务的小组：

● 你们认为不能最先完成任务的原因是什么？

● 如果你们有再完成一次任务的机会，你们认为你们组能最先完成吗？你们会用什么样的策略？

D3. 哪些因素决定团队工作的成功与否？

2.7 受人赞赏的小组

目的：了解不同小组对其他小组的影响；了解其他小组是如何看你的小组的；了解如何解决小组内的冲突。

材料：（马尼拉）纸，每组一张；记号笔。

时限：30 分钟。

步骤：

A. 利用已经分好的小组，要求每一个小组的成员坐在一块。

B. 要求每个小组选一个他们欣赏的小组。当小组的成员就选择小组达成一致意见的时候，讨论所选小组的特征。在纸的一面写上所选小组的四个突出的特征，在纸的另一面写下小组的名字或数字代号。

C. 把写好的纸放在房间中央的地板或桌子上。把写有小组特征的一面朝上，写有小组名字的一面朝下。

D. 在给各小组看写好的纸以前，问小组成员如果他们小组没有被另外的任何一个小组选上，他们会有什么样的感受（以及为什么）。同样也问小组成员如果他们小组被选上并有一张马尼拉纸的话他们会有什么感受（以及为什么）。这样做的目的是让他们对所面临的可能性做好准备。

E. 随机抽取其中的一张纸（不要让有小组名字的纸的背面给其他学员看见）并大声念出小组的特征。让小组投票表决所描述的是哪一个小组（小组成员也可能给自己的小组投票）。当所有的选票都上交以后，把纸翻过来宣布小组的名字并把纸发给被选的小组。讨论被选小组与各小组的投票是否相一致，特别是被选小组自己的投票。

F. 其他张纸也照此方法，直到所有的纸都分发给相对应的小组。

G. 通过提出以下问题来对活动作出评价：

G1. 对于收到其他小组评价表的小组：

- 其他小组对你们小组的描述与你们自己对小组的评价一致吗？哪些是相同之点，哪些是不同之点？
- 你们小组对其他小组有什么影响？
- 其他小组应该如何做以便达到同样的效果？

G2. 对于那些没有收到其他小组评价表的小组：

- 你们小组对此有何感受？
- 这说明你们小组有什么问题？
- 你们小组应该如何改进？

G3. 对于所有的小组：

- 认识其他人对你们小组的印象有何价值？

这个活动对于团队建设很有用。在团队建设的过程中，矛盾和差异是在所难免的。这是因为团队中的每一个个体都是一个独特的个体。矛盾可以促进团队的发展。在工作中不断解决矛盾是一种加强团队合作的过程。当团队拒绝承认矛盾的时候，他们不但失去了发展的机会而且还会形成一种对小组更加有害的状况。其他小组可以通过让特定小组知道对他们的印象而引起该小组的注意。当这种情况发生的时候，小组成员就有一个机会来认识矛盾并解决矛盾。

2.8　步调一致（团队建设）

目的：培养团队的通力合作、建立规范化团队流程、提升组织效率、认识统一指挥的意义与重要作用。

材料：足够多的 50 厘米左右长的绳子或布条；1 只秒表。

时限：30 分钟。

步骤：

A. 把参与者分为两组。

B. 解释游戏规则：全队的伙伴用绑腿绳将脚连在一块，横向一排。通过侧行和前行规定的路线，达到终点用时最少队伍为胜。

C. 通过讨论以下问题来评价该活动：

C1. 对于最先完成任务的小组：

你们能最先到达终点的原因是什么？

你们小组有没有一种策略或方法来实现目标？这种策略或方法是什么？

C2. 对于最后完成任务的小组：

你们认为你们不能最先完成任务的原因是什么？

如果你们有再完成一次游戏的机会，你们认为你们组能更好地完成吗？你们会用什么样的策略？

C3. 哪些因素决定团队工作成功与否？

C4. 如何调整自己与团队的步伐？

2.9 协作运水（团队建设）

目的：培养团队成员协作配合；团队解决问题的关键因素，怎么提高效率；通过相互配合快速增进人与人之间的关系；体会融入团队合作成功的成就感。

材料：水桶 4 个、A4 纸或报纸若干。

时限：15 分钟。

步骤：

A. 将所有成员分成 2 组。

B. 每个队伍一桶水、一个空桶，A4 纸或报纸（人手一张），空桶距离装满水的水桶 20～40 米。队员需要通过有限的纸卷成管子将水从一端运送到另一端。最后看哪个队伍运送的水最多。

C. 通过讨论以下问题来评价该活动：

C1. 对于最先完成任务的小组：

你们能最先到达终点的原因是什么？

你们小组有没有一种策略或方法来实现目标？这种策略或方法是什么？

C2. 对于最后完成任务的小组：

你们认为你们不能最先完成任务的原因是什么？

如果你们有再完成一次游戏的机会，你们认为你们组能更好地完成吗？你们会用什么样的策略？

C3. 哪些因素决定团队工作成功与否？

C4. 如何调整自己与团队的步伐？

2.10　无敌风火轮（团队建设）

目的：培养团队成员协作配合；团队解决问题的关键因素，怎么提高效率；通过相互配合快速增进人与人之间的关系；体会融入团队合作成功的成就感。

材料：报纸、胶带。

时限：10 分钟。

步骤：

A. 分成 2 组（12～15 人一组）。

B. 利用报纸和胶带制作一个可以容纳全体团队成员的封闭式大圆环，将圆环立起来全队成员站到圆环上边走边滚动大圆环。达到终点用时最少的队伍为胜。

C. 请每组分别讨论

C1. 最先完成游戏的小组，讨论你们是如何顺利完成游戏的，为什么你们能比别的小组快速完成游戏。

C2. 失败的小组，为什么你们的小组没有别的小组快，你们失败的原因是什么。

2.11　众人抬竿

目的：理解团队中协调员的重要作用，理解不同角色在团队中的不同作用。

材料：3 米长拇指粗细竹竿 2 根。

时限：15 分钟。

步骤：

A. 所有学员根据身高由高到低顺序排队。报数，按照奇数、偶数分成两队面对面站立。

B. 每人用食指托住钓竿。

C. 辅导员讲授游戏规则：在保持钓竿水平，使之能上下移动中，每个人的食指保持不离开钓竿。

D. 游戏结果：

A 组：在两位参与者的组织下，很快将游戏运行自如。

B 组：每位参与者都积极发表自己的游戏意见，直到活动结束，游戏也没运行成功。

体会：

A. 在小组成员中每个人都有控制欲，因此协调员是小组中很重要的角色；

B. 钓鱼竿两头粗细差距很大，因此要想使钓鱼竿保持水平，两头参与者使出的力道不同，→每个团队成员了解自己在团队中的位置与作用；

C. 每个人都想按照自己的意愿来参与游戏的话，游戏是很难成功的→只参与不控制。

3 技能培养

3.1 有多少方格?

目的：提高对考虑他人认识与意见重要性的意识。

材料：新闻纸、记号笔。

时限：5 分钟。

步骤：

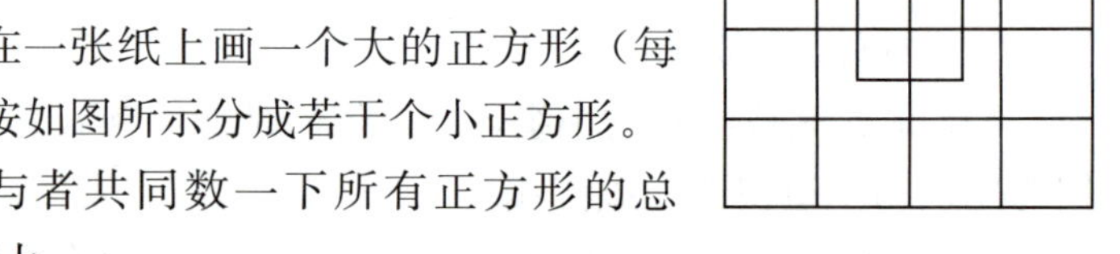

A. 辅导员事先在一张纸上画一个大的正方形（每组准备一张），然后按如图所示分成若干个小正方形。

B. 要求每组参与者共同数一下所有正方形的总和，将答案写在白纸上。

C. 辅导员注意看各组的答案是否不同，因为有的学员可能忽略某些正方形（正确答案是 35）。

讨论：

A. 为什么不同的人有不同的答案?

B. 这个游戏教给我们应如何处理他人的意见和看法?

3.2 连九点

目的：提高参与者的创造力，并找出哪些因素能促进其创造力，哪些因素限制了其创造力。

材料：新闻纸、记号笔。

时限：5 分钟。

步骤：

A. 在一张报纸上画如图所示的九点。

B. 让各小组学员将所有的点用四条直线连接起来，并且不能让笔离开纸面。

C. 练习中每个人独立进行，如都不能解决这个问题，各小组内部可以讨论。

D. 如果没有人能解决此问题，辅导员自己示范给大家看（如图），注意参与者的反应。

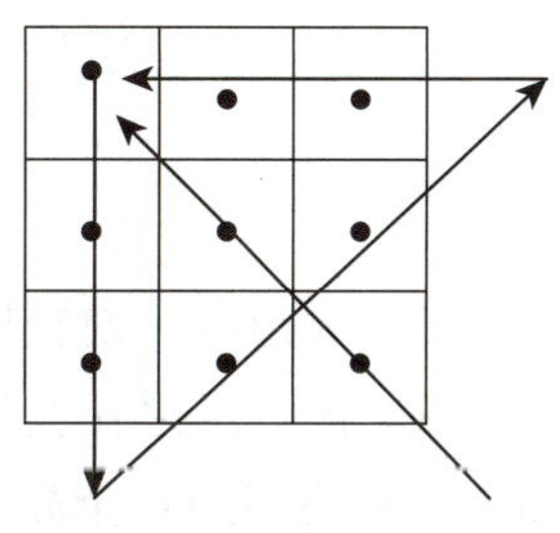

E. 讨论为什么他们自己不能做到这一点？为什么大家都可能局限在由各点组成的正方形内而不敢越雷池半步？什么限制了他们的创造力？具有创造力的人一定要超越世俗，无拘无束，并且需要一个可给予支持的、自由判断的环境。

3.3　认识自己

目的： 展示我们对于经常性事物细节的观察的不足。

时限： 5 分钟。

步骤：

A. 让参与者两两配对。

B. 让每对中的一人闭上眼睛来描述本人特征，要尽可能详细，如他（她）的穿着（颜色、图案、文字、有无孔洞等）。另一个人可以寻找更多的细节。当描述结束后，观看的一方可以在 0～10 分之间为描述者打分，且与描述者一起来评价练习结果：描述中缺少了什么，为什么这么困难等？

C. 然后，角色互换。以前的观察者闭上眼睛并且告诉同伴，他的口袋提包里装着什么东西，要详细（不能用手摸），观察者可以得到更多的细节。当描述结束后，他（她）必须拿出其口袋内全部物品来检查描述是否正确。观察者可以在 0～10 分之间打分，并与描述人一起来评价练习结果。

D. 将这些经验在大组内进行讨论，我们对于自己的服装、口袋内物件的描述能达到什么程度？为什么我们不能观察得更细致？我们如何来丰富自身的观察技巧？

3.4　绳子游戏

目的： 提高对解决问题策略重要性的认识。

材料： 1 米长的绳子，条数与学员数相等。

时限： 10 分钟。

步骤：

A. 剪 1 米长的绳子，在两端各打一个扣环，使手能伸进去。

B. 要求参与者两两配对，每对参与者分得两条绳子。每个参与者应把双手伸进一条绳子的扣环内（如图所示），两条绳子应相互交叉，使两名参与者连在一起。

C. 两人想办法分开，但又不能弄坏绳子。

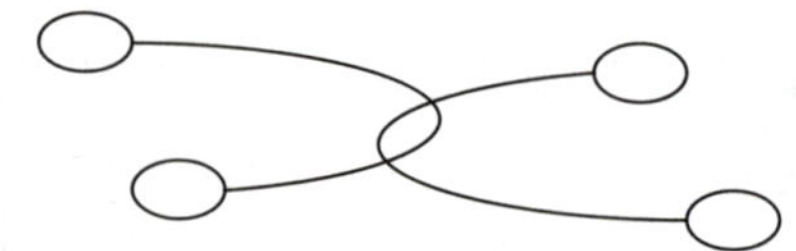

D. 如果有一对获胜，让他们为其他人展示解决方法。

E. 评价结果：我们从中学到了什么？

3.5 解决问题：金先生买了一双鞋子

目的： 了解有效解决问题的步骤和技能。

材料： 铅笔或水笔、纸、一个要解决的问题（例如以下的一个例子，也可以使用其他问题）。

金先生到鞋店去买了一双 12 美元的鞋子。他付了鞋店店主两张 10 元的钞票。因为鞋店的店主没有零钱找补，所以鞋店店主就到临店的花店店主那里把这两张 10 元的钞票换成了 20 张壹圆的钞票。最后鞋店的店主给金先生找补了 8 元钱。

过了几分钟，花店店主发现那两张 10 元的钞票是假钞并把这个消息告诉了鞋店店主。鞋店店主决定还给花店店主一张真的 20 元钞票。

问题：鞋店店主共损失了多少钱？

（注意：鞋子的生产费用不知道，所以不要考虑入内）

时限： 30～45 分钟。

步骤：

A. 介绍活动内容和学习目标。

B. 把学员分为 5～6 人一组并告诉学员他们会有一个问题让他们共同解决。学员们可以有 10～15 分钟的时间来解决问题，每个小组只能有一个小组成员们一致同意的答案。当一个小组得到一致的答案以后，他们应该把答案告诉辅导员。每个小组有一个学员充当志愿者来观察和记录问题解决的过程。小组中的成员谁对解决问题作出了什么贡献？小组成员间是如何互动解决问题的？

C. 大声念出要解决的问题并让小组开始讨论问题。

D. 当所有的小组都找出解决办法或 15 分钟时间到的时候，比较不同的问题解决办法以及相关解释。

E. 不同小组分别讨论问题的解决过程。让小组的观察员首先汇报，重点放在小组是如何解决问题的以及谁承当了什么角色。小组达到一致意见困难吗？需要什么每个人才能达到一致意见？

F. 概括在有效解决问题中重要的步骤和技巧：

F1. 解决问题；

F2. 分析问题；

F3. 找出可能的解决方法；

F4. 选出解决问题的最佳方法；

F5. 行动计划和问题解决的执行；

F6. 成果/结果评价。

G. 把这些讨论与田间培训的情况相联系。例如，可以把一个蔬菜的病害当作一个学习的例子。

3.6 谁眨眼

目的：练习观察的技能。

材料：无。

时限：10 分钟。

步骤：

A. 所有的参与者站成一个圆圈。让其中的一个参与者成为“捉人者”并站在圆圈的中间。辅导员向学员解释活动的规则。

B. 活动这样开始：辅导员围着圈子走，在不被其他学员发现的情况下随机轻拍其中的一个参与者的背。被排背的参与者向圈中的另外一个参与者眨眼，做眨眼动作的时候应该避免被中间的“捉人者”看见。被眨眼的参与者慢慢“倒塌”，蹲下或坐在地上。中间的“捉人者”应该尽快发现谁是眨眼的参与者。如果眨眼的人被发现或者只剩下“捉人者”一个人站着的时候活动结束。

C. 第二轮（第三轮）可以这样开始：一个新的自愿“捉人者”站在中间，被轻拍背的参与者作为新的眨眼人。

D. 讨论活动。你认为这个“捉人者”站在中间、参与者眨眼的游戏怎样？我们从这个游戏中学到了什么？

E. 得出结论：总结作为一个好的观察者什么是最重要的。

4　交流

4.1 集体画画

目的：提高对组内交流重要性的认识。

材料：新闻纸、记号笔、手表。

时限：5～10 分钟。

步骤：

A. 参与者分成若干小组，每组 5 人，每个人从 1～5 编号。

B. 每组都要求集体作画，用笔在白纸上绘制。但不允许他们相互交谈，每个人只有 1 分钟时间画画。

C. 辅导员给每组第一个人发出开始的信号，一分钟后，他（她）示意小组第二个人继续接着他（她）画画，以此类推，直到每组所有的人都参与绘画。不同组的作品可以相互比较，组内成员应该解释说明他们试图画些什么。

讨论：

A. 多少组参加了这个游戏？

B. 他们对于组内合作的感觉如何？

C. 他们如何能把集体绘画画得更好？

4.2 悄悄话传递

目的：提高对交际过程的了解，特别是有些信息如何被曲解，从而展示如何更有效地进行交流。

时限：10 分钟。

步骤：

A. 辅导员在纸上写下一条信息，不要超过 5 句话，且应该是使参与者感觉有趣的事情，句子最好不要按一定逻辑关系排列，应包括一些数字和有一定难度的词语。

B. 参与者分成三组，每组 6～8 人，各组相距 4～5 米远。组员站成一队，每人按顺序编号。

C. 每组 1 号在一个离开其他成员的地方与辅导员见面，辅导员慢速朗读写在纸上的信息，并重复一遍，不许提问。

D. 每组 1 号返回各自小组并把得到的信息耳语传给 2 号，只能说一遍。2 号耳语将信息传给 3 号，以此类推，直到每排最后一个得到信息为止。最后一个人把信息写在纸上。各组轮流读出最后一个人写的信息。最后的信息与原始信息相同吗？中间传递的信息相同吗？

E. 评价练习结果。当信息传递给另一个人时，信息相同吗？信息本身有何缺陷妨碍了其正确传递？传递人有何缺点妨碍了信息传递？我们能否以一种更佳的、更有效的方式传递信息？

4.3　造句

目的：展示有效交流和计划在团队工作中的价值。

材料：黑板和粉笔或大白纸和记号笔。

时限：10 分钟。

步骤：

A. 把参与者分为 5 个小组。向参与者解释 5 个小组在不知道其他小组所造句子的情况下要共同造句。每个小组要想出句子的一个部分，句子的不同部分会被组合在一块并由参与者一起检查。

B. 让每个小组写出句子的以下部分：

小组	句子的部分	解释	例子
Ⅰ	时间	什么时候	下个星期天上午
Ⅱ	人的名字	谁	金先生
Ⅲ	动词	做什么	在哭泣
Ⅳ	描述如何	如何	安静地
Ⅴ	地点的名字	哪里	在蔬菜地里

C. 每个小组有 30 秒的时间对他们所写的句子达成一致意见。

D. 让各小组按句子的顺序将五个句子成分组合成一个句子（Ⅰ到Ⅴ）。把句子写在黑板上。

E. 重复这个活动多次。

F. 讨论该练习。问参与者他们从中学到什么东西。所造的那些句子有意义吗？为什么有意义或没有意义？随着练习次数的增多是否句子变得越来越有意义？原因是什么？或者为什么随着练习次数的增多句子并没有变得越来越好？

5　破冰山和放松

5.1　伸展运动

目的：放松身体和大脑。

材料：无。

时限：5 分钟。

步骤：

A. 让每个人都站起来。确保每个人都有足够的空间来伸展手臂和运动身体。

B. 让学员跟着辅导员做以下动作，例如：

B1. 双手合拢，在头上伸展你的手臂。

B2. 双手手臂向头部伸展，向左和向右方向向下压腰。

B3. 双手手臂伸展于脸的前方，向前压腰。

B4. 双手手臂向后伸展，向后压腰。

B5. 向前和向后绕肩。

B6. 双手向前交叉，两手合拢，然后把双手向内翻，拉伸得越远越好。这个动作应该交叉向两个方向进行（双手交叉的时候左手在上或右手向上）。

B7. 耸肩。

C. 问问学员是否这个练习让他们感觉好多了并让学员们坐下。

5.2 跟我学

目的：放松和娱乐。

时限：5 分钟。

步骤：

A. 辅导员要求参与者起立并且模仿他（她）的全部动作。

B. 伸直手臂鼓掌；由慢到快，直到每个人都不由自主地鼓掌为止。然后突然停止。注意有多少参与者还在鼓掌。

C. 这个练习可以重复多次，可在头顶鼓掌或加入其他不同的动作。

D. 对练习结果进行评价。为什么当被模仿者停止鼓掌，还有一些模仿者继续鼓掌？为什么他们不能准确地模仿他人？从这个练习中可以得到什么结论。

5.3 天敌、害虫和病害

目的：回忆天敌、害虫和病害的名字；活跃气氛。

材料：椅子。

时限：10 分钟。

步骤：

A. 让参与者把椅子放成一个圈并坐在椅子上。

B. 解释游戏规则：当提到天敌的名字时，每个人应该继续坐在椅子上；当叫到害虫的名字时，参与者应该相互交换座位；当叫到病害的名字时，每个人应该站在椅子的前面并且脸上有惊异的表情。做错动作的参与者被淘汰（包括椅子）。

C. 开始依次叫出害虫、病害和天敌的名字，叫出的速度越来越快。当只剩下一个参与者的时候或辅导员认为活动差不多的时候可以结束游戏。

D. 问学员们从此活动中学到了什么东西以及是否该活动让它们感觉好多了。

5.4　遇倍数拍掌

目的： 让参与者加入到小组活动中；活跃气氛。

材料： 无。

时限： 10 分钟。

步骤：

A. 所有的参与者站成一个大圈。

B. 参与者从数字 1 开始大声记数，当到达 4 的倍数以后，该参与者拍掌而不是报出该数字。

C. 如有任何人犯错误则从 1 重新开始数。

D. 犯错误的人被淘汰（小组可以对惩罚措施达成一致意见，例如俯卧撑）。

E. 辅导员决定何时终止游戏。

F. 问小组成员是否此活动使他们感觉好多了。

后记

国际农业与农村发展的研究结果表明，相对于过去自上而下的培训模式来说，农民田间学校是一种全新的有效的农业推广模式和农民培训模式。这种模式在中国可行吗？农民田间学校在中国的建设和发展过程中有哪些特点、经验值得总结？《中国农民田间学校》试图通过对农民田间学校的起源以及后来在全世界各国的发展脉络的追溯，在此基础上，通过梳理和总结农民田间学校在中国的引入、建设与发展的整体过程和实践经验对上述问题做出回答。同时，编者也想通过这集丛书的出版，使农民田间学校在中国更加的本土化，从而为进一步推动中国农村人力资源开发、农业推广改革和新型职业农民的培育做出努力。

对于有兴趣从事农业推广和农民培训的管理者、研究者和农业推广实践工作者和农民教育与培训的专业人员来说，从基本概念和管理思路的梳理总结的视角上，《中国农民田间学校》可以作为一套教材辅助文本。从编写体例和内容的视角上，《中国农民田间学校》应该是一套了解和实践农民田间学校不可或缺的重要参考文献。

《中国农民田间学校》是一套丛书，共分为四本，包括《中国农民田间学校：起源与发展》《中国农民田间学校：北京模式》《中国农民田间学校：活动日记录》和《中国农民田间学校：需求与效果评估》。《中国农民田间学校》这一套系列丛书既有国际背景的说明，也有中国政府推动农业推广体系改革和发展农民教育与培训的政策描述；既有国际和国内推广培训的历史沿革与发展的描述，也有诸如北京模式的成功经验的详细介绍；既有开办农民田间学校的具体实际操作程序与步骤的记录，也有需求调研及培训评估的调研方法的案例阐述。

第一册《中国农民田间学校：起源与发展》。农民田间学校虽然不是中国的创造，相比之下，比起其他国家来，引入中国的时间也比较晚。但是，在农业部的大力支持下，在政府相关部门的努力下，利用比较短的时间，创造出了具有中国特色并在国际上具有一定影响力的农民田间学校的建设与发展的中国模式。农民田间学校在中国的建设与发展，不仅使得我们发现了一种有效的推广培训方法，同时也使得我国的推广人员的素质有了显著提高。本书从农民田间学校的基本概念谈起，讨论了农民田间学校的起源以及后来在世界各国的发展概况。在基本概念讨论的基础上，将中国农民田间学校的起源与发展分为两个部分介绍。第一部分介绍了农民田间学校以国际项目的模式在中国的引入、发展以及影响力；第二部分以北京模式为主线，介绍了农民田间学校在中国的建设与发展历程和基本经验。在书后面本书编者搜集整理的附件中，记载了媒体对农民田间学校的综合报道以及各地开展农民田间学校的经验与体会。

第二册《中国农民田间学校：北京模式》。本书系统介绍了农民田间学校北京模式建设的背景、特点、建设过程和效果与影响。相比于国际项目模式，政府推动下所开展的农民田间学校在北京的建设与发展更具有中国特色。北京模式将农民田间学校这一国际上先进的推广和培训方法本土化，使之成为一个系统的管理模式，从理念、形式和内容上使农业推广和农民培训科学化和规范化，为爱农业、懂技术、会管理的新型职业农民的培育创出了一条新路。本书在介绍北京农民田间学校的建设背景与发展历程之后，集中讨论了北京模式的组织管理模式、北京农民田间学校的运行特点，归纳总结了北京农民田间学校取得的经验、效果及其在国内外的影响。本书的最后附上了农民田间学校辅导员在开办农民田间学校过程中的一些体会，管理者在管理上的具体做法和基本数据。

第三册《中国农民田间学校：活动日记录》。在明确基本理念和发展途径以后，农民田间学校作为一种全新的推广培训方法究竟怎样落实？农民田间学校作为一种日常的培训活动如何组织和开展？本书选择了北京农民田间学校，分别以种植业和养殖业为主要内容，将辅导员所安排的活动日程序和整个开办过程以记录的形式展现给读者，以期使读者获得对农民田间学校具体开办程序和方式方法的具体了解。为了做到真实的原汁原味地再现当初的实况，本书的编者将原始的资料稍加整理后呈现给读者。同时，出于与读者平等讨论的目的，在每一节的后面，又加上了专家点评，这样会使得读者能够体会辅导员在具体操作方法上其实存在着更广阔的空间和更多选择的可能性。

第四册《中国农民田间学校：需求与效果评估》。需求调研与效果评估是农业推广和农民培训规范化不可或缺的重点环节。长期以来，在我国的农业推广和农民培训的运行中，需求调研和效果评估一直是整个链条中的一个缺失和短板。如何科学化地规范和完善我国的农业推广和农民培训的运作程序，本书为此做了一点抛砖引玉的尝试。本书是一本记录和汇编，反映在一个阶段内围绕农民田间学校北京模式建设的前后所做的调研与评估工作的报告。作为《中国农民田间学校》的系列丛书之一，作者的本意是想通过这种报告汇编的形式，再现参与式理念和农民田间学校引入和发展过程，向读者传达一种以农民为中心，以需求为导向的参与式理念和简单的调研评估方法。出于篇幅的考虑，本书选编了七份报告，并且每份报告都做了适当的剪裁。这七份报告分别为：报告一：《北京市农村社区发展基线调研报告》。报告二：《北京市农业生产发展农民需求调研报告》。报告三：《求贤村社会主义新农村建设农民需求调研报告》。报告四：《农民田间学校农民需求调研报告》。报告五：《农民培训过程分阶段系统化评估方法研究报告》。报告六：《农民培训模式分阶段系统比较评估报告》。报告七：《农民田间学校培训效果评估报告》。